ALGUES

DU CANTON DE BAGNÈRES-DE-LUCHON

(HAUTE-GARONNE)

ALGUES

provenant

des récoltes de M. Henri Gadeau de Kerville

dans le canton de Bagnères-de-Luchon

(Haute-Garonne)

(AVEC CENT TRENTE-QUATRE FIGURES DANS LE TEXTE)

PAR

l'Abbé Pierre FRÉMY

Docteur ès sciences

Professeur de Sciences naturelles à l'Institut libre de Saint-Lô (Manche)

EXTRAIT

du *Bulletin de la Société des Amis des Sciences naturelles de Rouen*

(années 1928 et 1929)

ROUEN

IMPRIMERIE LECERF FILS

1930

ALGUES

provenant des récoltes de M. Henri Gadeau de Kerville dans le canton de Bagnères-de-Luchon (Haute-Garonne)

(AVEC CENT TRENTE-QUATRE FIGURES DANS LE TEXTE)

PAR

l'Abbé PIERRE FRÉMY

Docteur ès sciences

Professeur de Sciences naturelles à l'Institut libre de Saint-Lô (Manche)

INTRODUCTION

Pendant ses villégiatures d'été à Bagnères-de-Luchon, M. Henri GADEAU DE KERVILLE, certes, ne demeure pas oisif. Rien de ce qui se rencontre dans cette merveilleuse région qu'il connaît à fond ne le laisse indifférent, et tout, les sites, les monuments, l'histoire, les traditions, les coutumes locales..., est pour lui objet d'études, et ces études lui ont fourni la matière de deux magnifiques volumes de tourisme splendidement illustrés [1]. Artiste, historien et même poète à ses heures, M. Henri GADEAU DE KERVILLE est avant tout un

1. Henri GADEAU DE KERVILLE. — *Bagnères-de-Luchon et son canton (Haute-Garonne)*, avec 1 carte et 92 héliogravures faites presque toutes sur les photographies de l'auteur, Toulouse, Édouard Privat, 1925; *Autour du canton de Bagnères-de-Luchon (France et Espagne)*, avec 77 héliogravures faites presque toutes sur les photographies de l'auteur, Toulouse, Édouard Privat, 1928.

éminent biologiste; aussi, les recherches zoologiques et les recherches botaniques ont-elles ses préférences. C'est ainsi que, pendant les étés de 1927 à 1930, il fut amené à faire la récolte d'un certain nombre d'échantillons d'algues dont il me confia la détermination, me demandant en même temps de vouloir bien consigner les résultats de mon étude dans un mémoire que publierait la Société des Amis des Sciences naturelles de Rouen. Pour cette marque de confiance et cet honneur, qu'il veuille bien agréer l'expression de ma profonde et respectueuse reconnaissance.

Une très faible partie des données qui vont être ici consignées a été insérée aux pages 145-148 et 178-179 d'un travail publié en 1928 par M. Henri GADEAU DE KERVILLE [1]. Mes recherches ultérieures, sur du matériel dont l'étude avait été déjà ébauchée et sur du matériel nouveau, ont notablement augmenté ces données. On pourra peut-être même se sentir étonné, comme je l'ai été moi-même, du grand nombre d'espèces que j'ai découvertes dans certains échantillons. C'est pourquoi je ne crois pas inutile d'indiquer comment j'ai procédé dans mes examens.

La plupart des échantillons que m'a remis M. Henri GADEAU DE KERVILLE étaient conservés dans de l'eau formolée. Tout d'abord, je me contentais d'en prélever, avec une pincette ou une pipette, la petite quantité suffisante pour un examen microscopique. Je ne trouvais ainsi, même après plusieurs examens, qu'un assez petit nombre d'espèces dans chaque échantillon. Plus tard, après avoir d'abord opéré de cette façon, et parfois après un essorage préalable, j'ai passé au centrifugeur le contenu de chaque récipient; puis du dépôt obtenu j'ai fait de nombreux examens microscopiques, jus-

1. Henri GADEAU DE KERVILLE. — *Recherches botaniques et zoologiques effectuées, en 1926 et 1927, dans le cirque d'Espingo et la partie supérieure du val du port de Vénasque (canton de Bagnères-de-Luchon, Haute-Garonne)*, avec 4 planches en photocollographie faites sur les photographies de l'auteur. (Bull. de la Soc. des Amis des Scienc. natur. de Rouen, années 1926 et 1927, p. 139-203), Rouen, imprimerie Lecerf fils, 1928; tirés à part, même pagination.

qu'au moment où je cessais de trouver de nouvelles espèces. Je ne saurais trop recommander ce procédé aux algologues qui s'occupent d'espèces microscopiques.

Ce mémoire n'a qu'un seul but : présenter des faits pour des travaux ultérieurs de floristique et de phytogéographie. « Sans doute, comme le dit excellemment M. Henri GADEAU DE KERVILLE[1], il est plus captivant pour un biologiste, et plus avantageux pour sa renommée, de livrer au monde savant des publications synthétiques qu'on lit, au lieu de se borner, après de longues et minutieuses recherches, à rédiger des mémoires arides dont la plus grande partie est à peine lue ». Et, personnellement, je pense que, pour le moment, faute d'une documentation suffisamment sûre et abondante, ces travaux synthétiques ne sont que très rarement possibles en algologie. Aussi, j'ajouterai avec le même auteur (*loc. cit.*), « je ne suis pas un architecte, mais un simple manœuvre apportant des matériaux aux édificateurs de synthèses ».

Ce caractère *purement documentaire* justifiera le plan de ce travail qui comprend deux parties :

I. - Liste des espèces observées dans chaque échantillon.

II. - Liste systématique de toutes les espèces observées.

La première partie pourra servir aux phytogéographes et phytosociologues pour déterminer la répartition géographique de chaque espèce, les groupements dont elle fait partie et son rôle dans ces groupements.

La seconde sera utile aux systématiciens qui entreprendront de rédiger des florules locales ou une flore algologique générale des Pyrénées.

1. *Recherches botaniques et zoologiques*, etc., p. 202.

I. – Liste des espèces observées dans chaque échantillon.

Je n'ai pas donné de descriptions des stations ci-après mentionnées ; le lecteur qui les désirerait les trouvera détaillées dans les trois ouvrages de M. Henri GADEAU DE KERVILLE cités plus haut.

Je n'ai pas, non plus, pour ne pas allonger mon texte, fait suivre les noms botaniques de ceux de leurs auteurs : on trouvera ces noms dans la liste systématique.

I. — RÉCOLTES DE 1927.

A. — CIRQUE D'ESPINGO, commune d'Oô, entre 1880 et 1920 mètres d'altitude, 1er septembre 1927.

Échantillon n° 1. — Sur des pierres schisteuses : *Pediastrum integrum* fa. *glabrum*, *Microspora tumidula*, *Oedogonium* sp., *Zygnema stellinum* var. *subtile*, *Netrium oblongum* var. *cylindricum*, *Penium cucurbitinum*, *Cosmarium formosulum*, *C. tetraophthalmum*, *Denticula tenuis*, *Diatoma vulgare*, *Synedra acus*, *Eunotia arcus* type et var. *minor*, *E. lunaris* var. *subarcuata*, *Achnanthes* (*Microneis*) *exilis*, *A.* (*Achnanthidium*) *lanceolata*, *Cocconeis pediculus*, *Navicula* (*Frustulia*) *rhomboides*, *Navicula pellucida*, *Stauroneis phoenicentron*, *Gomphonema augur*, *G. angustatum*, *G. olivaceum* type et var. *vulgare*, *Rhoioscophenia curvata*, *Cymbella* (*Cocconema*) *parva*, *C. lanceolata*, *C.* (*Cocconema*) *aspera*, *C.* (*Encyonema*) *Cesatii*, *Epithemia sorex*, *E. argus*, *Lyngbya limnetica*, *Oscillatoria amphibia*, *O. planctonica*, *Tolypothrix tenuis*. — Prédominance très nette des Diatomées.

Échantillon n° 2. — Dans une petite mare : *Asterococcus superbus*, *A. limneticus*, *Sphaerocystis Schroeteri*, *Gloeocystis planctonica*, *Schizochlamys gelatinosa*, *Pediastrum duplex* var. *rugulosum*, var. *coronatum*, var. *subintegrum*, *P. angulosum* var. *laevigatum*, *P. bidentulum*, *Chlorella vulgaris*, *Oocystis elliptica*, *O. solitaria* type et var. *apiculata*, *Tetraëdron trigonum*, *Scenedesmus quadricauda* type et var. *parvus*, *maximus* et *dispar*, *Selenestrum Bibraianum*, *Ankistrodesmus falcatus*, *Elakatothrix viridis*, *Microspora tumidula*, *M. Willeana*, *Stigeoclonium nudiusculum*, *Oedogonium* sp. pl., *Bulbochaete mirabilis*.

Mesotaenium macrococcum, *Cylindrocystis Brebissonii* type et var. *minor*, *Netrium digitus*, *N. oblongum*, *Penium libellula*, *P. navicula*, *P. margaritaceum*, *P. minutum*, *Closterium cynthia*, *Cl. angustatum*, *Cl. intermedium*, *Cl. ulna*, *Cl. juncidum* var. *brevius*, *Cl. parvulum*, *Cl. Jenneri*, *Cl. abruptum*, *Cl. lineatum*, *Tetmemorus laevis*, *T. minutus*, *Euastrum ventricosum*, *E. crassum*, *E. ansatum*, *E. insigne*, *E. dubium* var. *Snowdoniense*, *E. elegans*, *E. insulare*, *E. sublobatum*, *Micrasterias truncata*, *M. crenata*, *M. sol*, *M. rotata*, *Cosmarium taxichondriforme*, *C. subcucumis*, *C. microsphinctum*, *C. subtumidum*, *C. pyramidatum*, *C. Holmiense* var. *undatum*, *C. venustum* fa. *minus* et var. *hypohexagonum*, *C. Naegelianum*, *C. moniliforme*, *C. globosum* type et var. *minus*, *C. quadratum*, *C. plicatum* var. *hibernicum* fa. *minus*, *C. pygmaeum*, *C. impressulum*, *C. Meneghinii*, *C. isthmium*, *C. speciosum* type et var. *simplex*, *C. botrytis*, *C. amoenum*, *C. margaritatum* fa. *minus*, *C. pseudoamoenum*, *C. elegantissimum*, *Arthrodesmus incus* var. *Ralfsii*, *A. triangularis*, *Staurastrum muticum*, *St. brevispinum*, *St. orbiculare*, *St. gladiosum*, *St. teliferum*, *St. hirsutum*, *St. gracile* var. *nanum*, *St. polymorphum*, *St. cyrtocercum*, *St. arachne*, *Cosmocladium saxonicum*, *Onychonema filiforme*, *Hyalotheca dissiliens*, *H. mucosa*, *Desmidium aptogonum* type et var. *acutius*, *D. Swartzii* type et var. *quadrangulatum*.

Tabellaria flocculosa, *Fragilaria virescens*, *Eunotia robusta* var. *tetraodon*, *E. arcus*, *Navicula* (*Neidium*) *amphigomphus*, *N.* (*Neidium*) *iridis* type et var. *producta*, *N.* (*Frustulia*) *rhomboides* var. *saxonica*, *Navicula pellucida*, *Pinnularia major*, *P. nobilis*, *Stauroneis phoenicentron*, *St. anceps*, *Cymbella* (*Cocconema*) *cymbiformis*, *C.* (*Cocconema*) *parva*, *Encyonema turgidum*.

Peridinium pusillum, *P. Willei*.

Chroococcus turgidus, *Chr. giganteus*, *Synechococcus aeruginosus*, *Aphanocapsa pulchra*, *Microcystis elabens*, *M. viridis*, *M. prasina*, *Tetrapedia Penzigiana*, *Oscillatoria planctonica*, *Tolypothrix tenuis*, *Scytonema tolypothrichoides*, *Anabaena torulosa*. — Prédominance très marquée des Desmidiées.

Échantillon n° 3. — Dans un ruisseau : *Pediastrum Boryanum*, *Scenedesmus quadricauda*, *Closterium turgidum*, *Tolypothrix tenuis*, *Nostoc sphaericum*.

Échantillon n° 4. — Dans le lac de Saousat : *Denticula elegans*, *Synedra pulchella* type et var. *lanceolata*, *Ceratoneis arcus*, *Eunotia pectinalis*, *E. lunaris* type et var. *bilunaris*, *Navicula radiosa* var. *tenella*, *Pinnularia legumen*, *Cymbella subaequalis*, *C. ventricosa*, *Hydrurus foetidus*, *Lyngbya mucicola*. — Prédominance très marquée des Diatomées.

Échantillon n° 5. — Dans le lac de Saousat et le torrent descendant de ce lac à celui d'Espingo : *Microspora Wittrockii*, *Zygnema stellinum*, *Cosmarium circulare*, *C. tetraophthalmum*, *C. Portianum*, *Tribonema bombycinum*, *Tabellaria flocculosa*, *Diatoma vulgare*, *Ceratoneis arcus*, *Eunotia pectinalis* fa. *elongata*, *Eunotia* *lunaris* type et var. *sublunaris*, *Navicula cryptocephala*, *Cymbella* (*Cocconema*) *lanceolata*, *Amphora ovalis*, *Epithemia argus*, *Merismopedium tenuissimum*, *Chamaesiphon curvatus*, *Lyngbya martensiana*, *L. aerugineo-coerulea*, *Oscillatoria tenuis*. — Prédominance des Diatomées.

Échantillon n° 6. — Dans une petite mare : *Gonatozygon Brebissonii*, *Closterium didymotocum*, *Cl. directum*, *Cl. Dianae*, *Cl. lanceolatum*, *Cl. acutum*, *Euastrum oblongum*, *Cosmarium subcucumis*, *Hyalotheca dissiliens*, *Desmidium Swartzii*.

Scytonema tolypothrichoides, *Anabaena sphaerica*. — Prédominance très marquée des Desmidiées.

B. — Partie supérieure du val du port de Vénasque, entre 2320 et 2350 mètres d'altitude, septembre 1927.

Échantillon n° 7. — *Asterococcus superbus*, *Microspora tumidula*, *Mougeotia* sp., *Penium cucurbitinum* fa. *minus*, *Stauroneis anceps* var. *linearis*, *Cymbella lanceolata*, *Peridinium cinctum*. *Chroococcus macrococcus*, *Chr. turgidus*, *Chr. limneticus*, *Chr. minutus*, *Stigonema ocellatum*, *Scytonema tolypothrichoides*. — Prédominance des Cyanophycées.

II. — RÉCOLTES DE 1928.

Échantillon n° 8. — Sur un endroit humide d'un chemin, auprès d'un ruisseau, forêt de Sahage, sur le territoire de la commune de Bagnères-de-Luchon, entre 1100 et 1200 mètres d'altitude, 28 juillet 1928 : *Lyngbya ochracea*.

Échantillon n° 9. — Sur un rocher au bord d'un ruisseau, même endroit et même date que le n° 8 : *Ulothrix zonata*, *Eunotia gracilis*, *Navicula pellucida*, *Gomphonema angustatum*, *Chantransia* sp., *Aphanocapsa Grevillei*, *Hydrocoleum Brebissonii*, *Lyngbya Digueti*, *Stigonema ocellatum*, *Tolypothrix distorta*. — Prédominance des Cyanophycées.

Échantillon n° 10. — A une source, même endroit et même date que les n°s 8 et 9 : *Cylindrospermum licheniforme*.

Échantillon n° 11. — Sur un rocher humide, dans la vallée du Lis, entre 1200 et 1400 mètres d'altitude, 10 août 1928 : *Oocystis rupestris*, *O. elliptica* type et fa. *minor*, *Dimorphococcus lunatus*, *Ulothrix zonata*, *Mougeotia* sp.

Closterium Venus, *Cl. moniliferum*, *Cosmarium circulare*, *C. quadrum* var. *minus*, *C. Meneghinii*, *C. viride*, *C. caelatum*, *C. margaritiferum*, *C. botrytis* var. *emarginatum*, *C. amoenum*.

Synedra pulchella, *Navicula pellucida*, *Pinnularia major*, *Gomphonema olivaceum* type et var. *vulgare*, *Cymbella* (*Encyonema*) *prostrata*, *C.* (*Encyonema*) *ventricosa*, *Epithemia argus*.

Chroococcus minutus, *Chr. minor*, *Aphanocapsa Naegelii*, *Aphanothece Castagnei*, *Gloeocapsa ocellata*, *Gloeothece rupestris*, *Oscillatoria angustissima*, *Calothrix fusca*, *Hapalosiphon fontinalis*, *Tolypothrix distorta*, *Anabaena* 2 sp. ster. — Mélange, en proportions sensiblement égales, de Chlorophycées, Desmidiacées, Diatomées et Cyanophycées.

Échantillon n° 12. — Sur un rocher humide, dans la vallée du Lis, entre 1200 et 1300 mètres d'altitude, 10 août 1928 : *Oocystis solitaria* type et var. *elongata*, *Oedogonium* sp. pl. ster., *Mougeotia* sp.

Cylindrocystis Brebissonii var. *minor*, *Penium cucurbitinum* var. *minus*, *Tetmemorus granulatus*, *Cosmarium cucumis*, *C. botrytis*.

Tetracyclus Braunii, *Tabellaria flocculosa*, *Diatoma vulgare*, *Eunotia lunaris* var. *subarcuata*, *Achnanthes* (*Achnanthidium*) *coarctata*, *Navicula pellucida*, *Pinnularia major*, *Cymbella* (*Cocconema*) *parva*, *Epithemia zebra*, *Rhopalodia gibba*, *Nitzschia subtilis*.

Aphanocapsa Naegelii, *Lyngbya aerugineo-coerulea*, *L. Lagerheimii*, *Oscillatoria tenuis*, *Dichothrix gypsophila*. — Prédominance peu marquée des Diatomées.

Échantillon n° 13. — Sur des pierres d'un ruisseau, à l'un des versants des montagnes entourant le lac d'Oô, entre 1500 et 1550 mètres d'altitude, 14 août 1928 : *Phormidium uncinatum*.

Échantillon n° 14. — Même station et même date que le n° 13 : *Ulothrix zonata*, *Zygnema stellinum* fa. *Vaucheri*, *Synedra ulna* var. *subaequalis*, *Eunotia lunaris*, *Cymbella microcephala*, *Dichothrix Orsiniana*.

Échantillon n° 15. — Au bord du lac d'Oô, à environ 1500 mètres d'altitude, 14 août 1928 : *Ulothrix subtilissima*, *Microspora tumidula*, *M. stagnorum*, *Zygnema* sp., *Spirogyra* sp., *Mougeotia* ? *genuflexa*.

Cylindrocystis diplospora, *Penium curtum*, *Cosmarium globosum* var. *minus*, *C. punctulatum* var. *subpunctulatum*, *C. subcrenatum*, *Staurastrum punctulatum*, *St. polytrichum*, *St. proboscideum*.

Tribonema bombycinum.

Pandorina morum.

Peridinium Willei.

Melosira distans var. *nivalis*, *Tabellaria flocculosa*, *Denticula crassula*, *Synedra ulna* var. *splendens*, *S. acus* var. *delicatissima*, *S. radians*, *Ceratoneis arcus*, *Eunotia lunaris* var. *bilunaris*, *Vanheurckia rhomboides*, *Cymbella* (*Encyonema*) *ventricosa*, *Epithemia zebra*.

Lyngbya aerugineo-coerulea, *Oscillatoria irrigua*, *O. tenuis*. — Prédominance des Diatomées.

Échantillon n° 16. — Dans la rivière d'Oô, au-dessous du barrage du lac d'Oô, à environ 1490 mètres d'altitude, 14 août 1928 : *Ulothrix tenerrima*, *Oedogonium* sp., *Synedra acus* var. *delicatissima*, *Eunotia pectinalis*, *Gomphonema constrictum*, *Cymbella* (*Cocconema*) *cistula* type et var. *maculata*. — Prédominance des Diatomées.

Échantillon n° 17. — Sur un rocher humide, près du lac d'Oô, entre 1450 et 1500 mètres d'altitude, 14 août 1928 : *Denticula tenuis* type et var. *inflata*, *D. elegans*, *Fragilaria* (*Staurosira*) *capucina* var. *acuminata* et *acuta*, *Cocconeis* (*Eucocconeis*) *flexella*, *Navicula pellucida*, *Amphora ovalis* var. *gracilis*.

Chroococcus turgidus, *Chr. minutus*, *Chr. minor*, *Gloeocapsa magma*, *Gl. dermochroa*, *Gl. quaternata*, *Gomphosphaeria aponina* fa. *cordata*, *Oscillatoria brevis*, *Stigonema ocellatum*, *Scytonema tolypothrichoides*, *Sc. mirabile*, *Sc. myochrous*, *Sc. crustaceum*, *Tolypothrix tenuis*, *Nostoc commune*, *N. sphaericum*. — Prédominance des Cyanophycées.

Échantillon n° 18. — Sur la partie à moitié sèche du rocher mentionné au n° 17, 14 août 1928 : *Trentepohlia aurea*.

Échantillon n° 19. — Dans un tronc d'arbre servant d'abreuvoir, commune de Sode, entre 800 et 900 mètres d'altitude, 20 août 1928 : *Oedogonium* sp., *Synedra pulchella*, *S. ulna* var. *vitrea*, *Cocconeis* (*Eucocconeis*) *flexella*, *Pinnularia lata*, *Gomphonema geminatum*,

Nitzschia subtilis type et var. *palacea*. — Prédominance très nette des Diatomées.

Échantillon n° 20. – Dans une marette, commune de Sode, entre 800 et 900 mètres d'altitude, 20 août 1928 : *Oedogonium* 2 sp. ster., *Cosmarium sportella* var. *subnudum*, *Diatoma vulgare*, *Pinnularia lata*, *P. viridis*, *Cymbella* (*Encyonema*) *ventricosa*, *Epithemia Hyndmanni*, *Rhopalodia gibba*, *Surirella biseriata*, *S. turgida*, *S. ovalis* var. *minuta*, *Oscillatoria curviceps*, *O. tenuis*. — Prédominance très marquée des Diatomées.

Échantillon n° 21. — Sur un rocher humide, commune de Sode, entre 800 et 900 mètres d'altitude, 20 août 1928 : *Denticula tenuis*, *D. elegans*, *Synedra ulna*, *Navicula* (*Diploneis*) *ovalis*, *Cymbella microcephala*, *Cylindrospermum majus*. — Prédominance très nette des Diatomées.

Échantillon n° 22. — Sur le rocher, à la cascade nommée « Chevelure de la Madeleine », val d'Astos, commune d'Oô, à environ 1195 mètres d'altitude, 14 septembre 1928 : *Schizothrix lacustris* type et fa. *lutescens*, *Dichothrix Orsiniana*.

Échantillon n° 23. — Même station et même date que le n° 22 : *Schizothrix lacustris*.

Échantillon n° 24. — Même station et même date que les n°s 22 et 23 : *Schizothrix lacustris*, *Dichothrix Orsiniana*.

Échantillon n° 25. — Même station et même date que les n°s 22, 23 et 24 : *Spirogyra ? Grevilleana*, *Zygnema ? stellinum*, *Tetracyclus Braunii*, *Tabellaria flocculosa*, *Fragilaria* (*Staurosira*) *construens*. *Synedra pulchella* var. *Smithii*, *Eunotia pectinalis* fa. *elongata*, *E. lunaris* type et var. *subarcuata* et *bilunaris*, *Cocconeis placen-*

tula, *Navicula pellucida*, *Epithemia sorex*, *E. argus*, *Oscillatoria amphibia*, *Phormidium uncinatum*. — Prédominance très nette des Diatomées.

Échantillon n° 26. — Dans l'eau du torrent d'Oô, val d'Astos, commune d'Oô, à 1120 mètres d'altitude environ, 14 septembre 1928 : *Ulothrix zonata*, *Melosira varians*, *M. granulata*, *M. Dickiei*, *Tetracyclus Braunii*, *Tabellaria fenestrata*, *Synedra pulchella* var. *lanceolata*, *S. ulna* var. *splendens*, *S. acus*, *Ceratoneis arcus*, *Eunotia lunaris* var. *bilunaris*, *Cocconeis placentula*, *Gomphonema parvulum* var. *micropus*, *Cymbella* (*Encyonema*) *ventricosa*, *Epithemia argus*. — Prédominance très marquée des Diatomées.

Échantillon n° 27. — Source dans la commune de Saint-Aventin, entre 700 et 800 mètres d'altitude environ, 14 septembre 1928 : *Oedogonium capillare*, *Meridion circulare*, *Fragilaria virescens*, *F.* (*Staurosira*) *brevistriata*, *Synedra ulna* var. *obtusa* et *vitrea*, *Cocconeis placentula*, *Stauroneis Smithii*, *Cymbella* (*Encyonema*) *prostrata*, *C.* (*Encyonema*) *ventricosa*, *Amphora ovalis* fa. *affinis*, *Epithemia argus*, *Rhopalodia ventricosa*, *Surirella linearis* var. *tenella*. — Prédominance très nette des Diatomées.

Échantillon n° 28. — Source dans la commune de Trébons, entre 700 et 800 mètres d'altitude environ, 14 septembre 1928 : *Ceratoneis arcus*, *Navicula pellucida*, *Phormidium Retzii* fa. *fasciculatum*.

Échantillon n° 29. — Cascatelle dans la commune de Montauban, à environ 650 mètres d'altitude, 15 septembre 1928 : *Phormidium corium*, *Ph. Retzii*.

III. — RÉCOLTES DE 1929.

Échantillon n° 30. — Sur les parois d'un abreuvoir, vallée de la Pique, à près de 1000 mètres d'altitude, 12 août 1929 : *Aphanocapsa Naegelii*, *A. rivularis*, *Phormidium ? luridum*.

Échantillon n° 31. — Contre une pierre du barrage d'un ruisseau, vallée de la Pique, entre 1000 et 1100 mètres d'altitude, 12 août 1929 : *Rhizoclonium hieroglyphicum*, *Oedogonium* sp., *Zygnema pectinatum* var. *decussatum*, *Mougeotia genuflexa*, *Synedra ulna* var. *vitrea*, *Asterionella formosa*, *Eunotia pectinalis* fa. *elongata*, *Achnanthes* (*Microneis*) *exilis*, *Peronia erinacea*, *Chamaesiphon incrustans*. — Mélange, en parties sensiblement égales, de Chlorophycées et de Diatomées.

Échantillon n° 32. — Dans une marette, au fond de la vallée du Lis, entre 1100 et 1150 mètres d'altitude, 15 août 1929 : *Asterococcus superbus*, *Tetraspora gelatinosa*, *Oocystis Novae-Semliae* fa. *major*, *Ulothrix variabilis*, *Mesocarpus* sp., *Mastogloia Braunii*, *Chroococcus helveticus*, *Phormidium uncinatum*, *Oscillatoria tenuis*. — Prédominance des Chlorophycées.

Échantillon n° 33. — Dans une marette, vallée d'Oô, entre 1100 et 1150 mètres d'altitude, 22 août 1929 : *Scenedesmus quadricauda*, *Oedogonium* sp., *Zygnema anomalum* var. *crassum*. *Closterium moniliferum*. *Cosmarium Holmiense* var. *integrum*, *C. laeve*, *C. sexnotatum* var. *denotatum*, *C. tetraophthalmum*, *Tribonema bombycinum*, *Melosira distans*, *Meridion circulare*, *Diatoma* (*Odontidium*) *anceps*, *Fragilaria* (*Staurosira*) *construens* type et var. *venter*, *Asterionella formosa*, *Navicula pellucida*, *Pinnularia mesolepta*, *P. major* var. *linearis*, *Cymbella Ehrenbergii*, *C. aequalis*, *Chroococcus minor*, *Chamaesi-

phon Rostafinskii, *Phormidium tenue*, *Oscillatoria princeps*, *O. amoena*, *Spirulina subsalsa* fa. *oceanica*. — Mélange de différents groupes avec prédominance peu marquée des Diatomées.

Échantillon n° 34. — Algues fixées à des pierres dans la rivière d'Oô, vallée d'Oô, entre 1100 et 1150 mètres d'altitude, 22 août 1929 : *Spirogyra* ? *varians*, *Melosira distans*, *Tabellaria fenestrata*, *Diatoma vulgare* type et var. *lineare*, *Eunotia lunaris*. — Prédominance des Diatomées.

Échantillon n° 35. — Dans le torrent descendant du lac du portillon d'Oô, vallée d'Oô, à 2540 mètres d'altitude environ, 27 août 1929 : *Zygnema pectinatum* var. *decussatum*, *Eunotia lunaris*.

Échantillon n° 36. — Dans une marette du cirque d'Espingo, vallée d'Oô, à 2100 mètres d'altitude environ, 29 août 1929 : *Spirogyra* ? *mirabilis*, *Zygnema stellinum* var. *tenue*, *Hyalotheca dissiliens*.

Échantillon n° 37. — Dans un torrent, cirque d'Espingo, vallée d'Oô, à environ 2100 mètres d'altitude, 29 août 1929 : *Spirogyra* ? *varians*, *Staurastrum punctulatum*, *Tabellaria flocculosa*, *Eunotia lunaris* var. *subarcuata*, *Epithemia gibba* var. *ventricosa*, *E. argus* var. *amphicephala*, *Chamaesiphon incrustans*, *Oscillatoria tenuis*. — Prédominance des Diatomées.

Échantillon n° 38. — Dans un abreuvoir, val de Burbe, vallée de la Pique, à environ 900 mètres d'altitude, 5 septembre 1929 : *Mougeotia* sp., *Melosira distans*, *Chroococcus minutus*, *Lyngbya perelegans*, *Oscillatoria amphibia*, *Calothrix fusca*. — Prédominance des Myxophycées.

Échantillon n° 39. — Sur le bois humide de l'abreuvoir signalé au n° précédent, 5 septembre 1929 : *Chroococcus minutus*, *Chr. cohaerens*, *Chr. varius*, *Aphanocapsa virescens*, *A. violacea*, *Gloeocapsa punctata*, *Gl. dermochroa*, *Phormidium luridum*, *Calothrix parietina*. — Mélange formé uniquement de Myxophycées.

Échantillon n° 40. — Dans une source de la commune de Gouaux-de-Larboust, vallée d'Oô, à environ 1425 mètres d'altitude, 2 octobre 1929 : *Spirogyra ? varians*, *Eunotia pectinalis* fa. *elongata*.

Échantillon n° 41. — Dans un abreuvoir, à Gouaux-de-Larboust, vallée d'Oô, à environ 1270 mètres d'altitude, 2 octobre 1929 : *Spirogyra ? fluviatilis*.

Échantillon n° 42. — Sur le sol herbé, commune de Billière, vallée de Larboust, à 1200 mètres d'altitude environ, 7 octobre 1929 : *Nostoc commune*.

Échantillon n° 43. — Essorage de Sphaignes récoltées au bord d'un des lacs du port de Vénasque, dans la partie supérieure du val du port de ce nom, entre 2320 et 2350 mètres d'altitude, 23 septembre 1929 : *Asterococcus superbus*, *Chlorochytrium Lemnae*, *Ankistrodesmus falcatus*, *Rhizoclonium fontanum*, *Ulothrix tenerrima*, *Mesotaenium De Gregi*, *Cylindrocystis Brebissonii*, *C. diplospora*, *Netrium oblongum* var. *cylindricum*, *Penium cucurbitinum* var. *minus*, *Tetmemorus laevis*, *Diatoma vulgare*, *Navicula* (*Neidium*) *iridis* var. *affinis*, *N. dicephala*, *Pinnularia lata*, *P. parva*, *P. major*, *P. viridis*, *P. cardinalis*, *Oscillatoria tenuis*, *Stigonema ocellatum*, *Hapalosiphon hibernicus*, *Nostoc* sp. — Mélange de différents groupes avec prédominance à peu près égale des Desmidiées et des Diatomées.

IV. — RÉCOLTES DE 1930.

Échantillon n° 44. — Vallée du Lis, sur un rocher suintant, avec un Lichen, à environ 1380 mètres d'altitude, 11 août 1930 : *Oocystis rupestris*, *Zygnema? stellinum*, *Cylindrocystis Brebissonii* var. *minor*, *C. diplospora*, *Tetmemorus laevis*, *Cosmarium costatum*, *Navicula rhomboides* et var. *saxonica*, *N. pellucida*, *Pinnularia major*, *Gloeocapsa magma*, *Calothrix parietina*, *Stigonema minutum*, *Scytonema mirabile*.

Échantillon n° 45. — Vallée du Lis, sur un rocher suintant, à 1400 mètres d'altitude, 11 août 1930 : *Oocystis pusilla*, *Hormidium flaccidum*, *Cylindrocystis Brebissonii*, *Diatoma vulgare*, *Fragilaria virescens*, *Eunotia robusta* et var. *tetraodon*, *E. lunaris*.

II. – Liste systématique de toutes les espèces observées avec indication de leurs stations et quelques remarques sur leur structure et leur abondance.

J'ai adopté la classification proposée dans la 2e édition, revue et modifiée par F. E. Fritsch, de G. S. West : *A treatise on the British Freshwater Algae*, Cambridge, 1927, et suivi, dans ses grandes lignes, l'ordre de cet excellent traité.

ISOKONTAE

VOLVOCALES [1]

Pandorina morum (Müller) Bory.
Éch. 15, assez abondant, à différents états de développement.

Sphaerocystis Schroeteri Chodat [= *Gloeococcus Schroeteri* (Chod.) Lemm.]. — Fig. 1.
Éch. 2, cellules épaisses de 2,5 - 5 µ, très légèrement allongées.

Elakatothrix viridis (Snow) Printz. — Fig. 2.
Éch. 2, abondant; cellules fusiformes-courbées, longues de 30 - 50 µ, larges de 10 - 12 µ.

Asterococcus superbus (Cienk.) Scherffel. — Fig. 3.
Éch. 2, 7, 32 et 43, cellules épaisses de 25 - 30 µ, entourées d'enveloppes à nombreuses lamelles.

Asterococcus limneticus G. M. Smith. — Fig. 4.
Éch. 2, cellules larges de 22 - 25 µ.

Gloeocystis planctonica (W. et G. S. West) Lemm. — Fig. 5.
Éch. 2, peu abondant.

Schizochlamys gelatinosa A. Braun. — Fig. 6.
Éch. 2, cellules le plus souvent groupées par 4 et alors épaisses de 7 - 9 µ.

Tetraspora gelatinosa (Vauch.) Desv. — Fig. 7.
Éch. 32, en faible quantité.

1. Déterminations d'après : Chodat, *Algues vertes de la Suisse*, 1902; Lemmermann, *Tetrasporales* (*in* Süsswasserflora h. 5), 1915; G. M. Smith, *Phytoplankton of the inland lakes of Wisconsin*, 1920 - 24.

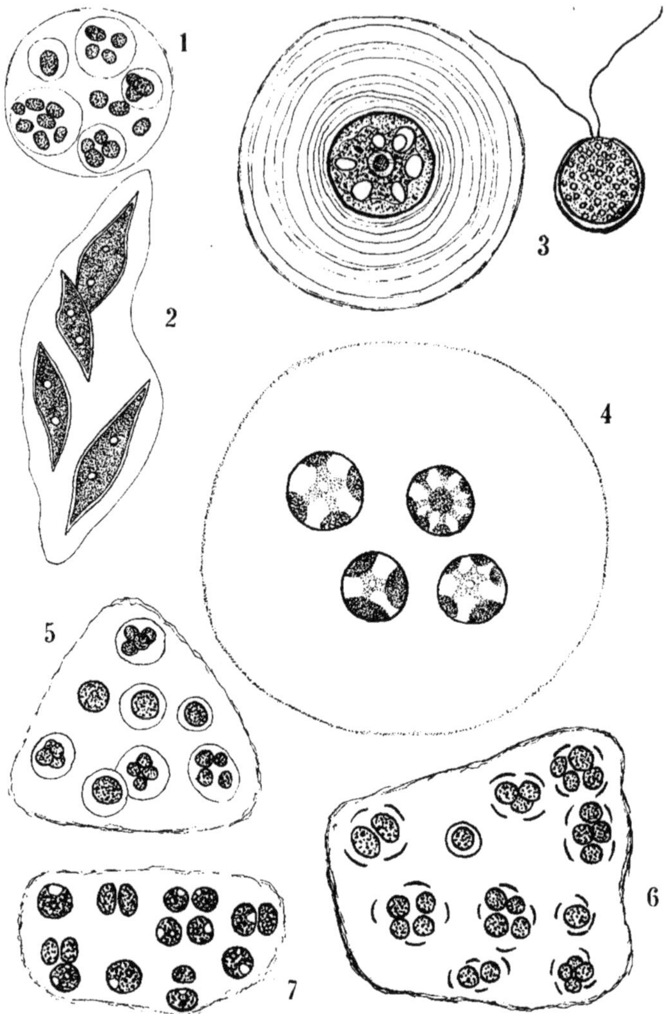

Fig. 1-7. — 1. *Sphaerocystis Schroeteri* Chod.; 2. *Elakatothrix viridis* Printz; 3. *Asterococcus superbus* Scherf.; 4. *Asterococcus limneticus* G. M. Smith; 5. *Gloeocystis planctonica* Lemm.; 6. *Schizochlamys gelatinosa* A. Br.; 7. *Tetraspora gelatinosa* Desv. — Gr. : 1-7 × 500.

CHLOROCOCCALES[1]

Chlorochytrium Lemnae Cohn (incl. *Cl. archerianum* Hieron.).

Éch. 43, dans les feuilles de *Sphagnum*, sous différentes formes, abondant.

Pediastrum integrum Näg. var. *genuinum* Bleisch fa. *glabrum* Racib. — Fig. 8.

Éch. 1, peu abondant, mais bien caractérisé.

Pediastrum duplex Meyen var. *rugulosum* Racib. — Fig. 9.

Éch. 2, assez abondant.

Var. *coronatum* Racib. — Fig. 10.

Éch. 2, peu abondant.

Var. *subintegrum* Racib. — Fig. 11.

Éch. 2, peu abondant.

Pediastrum angulosum (Ehrb.) Menegh. var. *laevigatum* Racib. — Fig. 12.

Éch. 2, peu abondant.

Pediastrum Boryanum (Turp.) Menegh.

Éch. 3, abondant, sous de nombreux états et à différents stades de développement.

Pediastrum bidentulum A. Braun. — Fig. 13.

Éch. 2, très rare, mais bien caractérisé.

Chlorella vulgaris Beyerinck. — Fig. 14.

Éch. 2, cellules épaisses de 7-8 μ.

Oocystis solitaria Wittr. — Fig. 15.

Éch. 2, cellules mesurant 18 × 10 μ; éch. 12, cellules mesurant 25 × 18 μ.

1. Déterminations d'après : Chodat, *op. cit.*; Printz, *Syst. Uebersicht d. Gatt. Oocystis*, 1913; Brunnthaler, *Protococcales* (*in* Süsswasserflora, h. 5), 1915; Smith, *op. cit.*

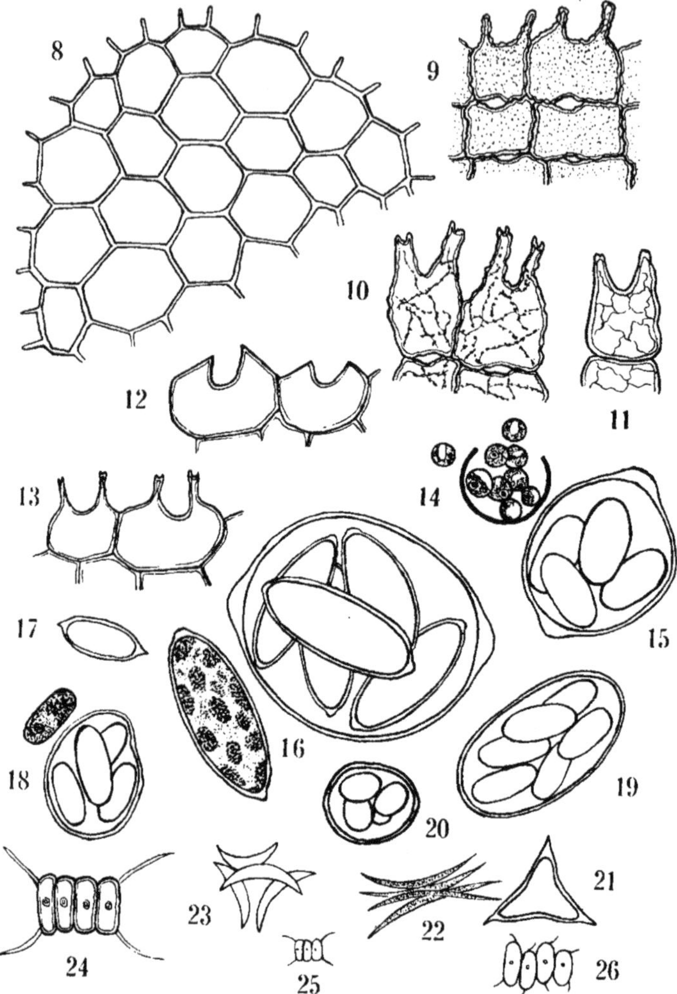

Fig. 8-26. — 8. *Pediastrum integrum* Näg. var. *genuinum* Bleisch fa. *glabrum* Racib.; 9. *Pediastrum duplex* Meyen var. *rugulosum* Racib.; 10. *P. duplex* var. *coronatum* Racib.; 11. *P. duplex* var. *subintegrum* Racib.; 12. *P. angulosum* Menegh. var. *laevigatum* Racib.; 13. *P. bidentulum* A. Br.; 14. *Chlorella vulgaris* Beyer.; 15. *Oocystis*

Var. *elongata* Printz. — Fig. 16.

Éch. 12, cellules mesurant 37 × 17 μ, absolument conformes aux figures de Printz, *loc. cit.*

Var. *apiculata* Printz. — Fig. 17.

Éch. 2, cellules mesurant 20 × 8 μ, assez abondant.

Oocystis pusilla Hansg.

Éch. 45, cellules mesurant 6 × 10 μ, solitaires ou en colonies de 2 individus, peu abondant.

Oocystis rupestris Kirchn. — Fig. 18.

Éch. 11, cellules mesurant 10-12 × 20-25 μ, peu abondant; éch. 43, cellules mesurant 10-14 × 20-26 μ, abondant.

Oocystis elliptica W. West. — Fig. 19.

Éch. 2, cellules mesurant 22 × 10 μ, peu abondant; éch. 11, colonies de 6-8 cellules mesurant chacune 20-21 × 10-12 μ, assez abondant.

Var. *minor* W. West.

Éch. 11, cellules mesurant 15-18 × 8-9 μ, moins abondant que le type.

Oocystis Novae-Semliae Wille fa. *major* Wille. — Fig. 20.

Éch. 32, colonies de 4 cellules mesurant chacune 11-14 × 8-9 μ, assez abondant.

Tetraedron trigonum (Naeg.) Hansg. (= *Polyedrium*

solitaria Wittr.; 16. *O. solitaria* var. *elongata* Printz; 17. *O. solitaria* var. *apiculata* Printz; 18. *Oocystis rupestris* Kirchn.; 19. *O. elliptica* W. West; 20. *O. Novae-Semliae* Wille fa. *major* Wille; 21. *Tetraedron trigonum* Hansg.; 22. *Ankistrodesmus falcatus* Ralfs; 23. *Selenestrum Bibraianum* Reinsch; 24. *Scenedesmus quadricauda* Bréb.; 25. *Sc. quadricauda* var. *parvus* G. M. Smith; 26. *Sc. quadricauda* var. *dispar* Bréb. — Gr. : 8-26 × 500.

trigonum Naeg., incl. *Polyedrium tetragonum* Naeg.). — Fig. 21.

Éch. 2, cellules larges de 24-26 μ, très peu abondant.

Ankistrodesmus falcatus (Corda) Ralfs (= *Raphidium falcatum* Corda = *R. fasciculatum* Kütz. = *R. aciculare* A. Br.). — Fig. 22.

Éch. 2, cellules mesurant 2 × 20-30 μ, abondant; éch. 43, cellules mesurant 2 × 50 μ, assez abondant.

Selenestrum Bibraianum Reinsch. — Fig. 23.

Éch. 2, cellules longues de 17-19 μ, larges de 6-7 μ, assez abondant.

Dimorphococcus lunatus A. Braun.

Éch. 11, cellules longues de 15-20 μ, abondant.

Scenedesmus quadricauda (Turp.) Bréb. — Fig. 24.

Éch. 2, très abondant; éch. 3, assez abondant; éch. 33, abondant.

Var. *parvus* G. M. Smith. — Fig. 25.

Éch. 2, cellules mesurant 3 × 7 μ, assez abondant.

Var. *maximus* W. et G. S. West.

Éch. 2, cellules mesurant 12 × 24 μ, abondant.

Var. *dispar* Bréb. — Fig. 26.

Éch. 2, abondant.

ULOTHRICHALES[1]

Ulothrix subtilissima Rab.

Éch. 15, filaments épais de 5 μ, cellules 1-2 fois plus longues que larges, peu abondant.

1. Déterminations d'après : H. Gay, *Rech. sur le développ. et la classific. de qq. Algues vertes*, 1891 ; Chodat, *op. cit.* ; Heering, *Chlorophyceae*, 3 et 4 (*in* Süsswasserflora, h. 6 et 7), 1914, 1921 ; Smith, *op. cit.*

Ulothrix variabilis Kütz.

Éch. 22, filaments épais de 6-7 μ, cellules 1-1,5 fois plus longues que larges.

Ulothrix tenerrima Kütz.

Éch. 16, filaments épais de 8-9 μ, cellules subcarrées; éch. 43, filaments épais de 9-10 μ, cellules longues de 7-12 μ.

Ulothrix zonata Kütz.

Éch. 2, filaments ayant jusqu'à 75 μ d'épaisseur, cellules souvent vidées de leur contenu ou se transformant en zoospores; éch. 10, filaments épais de 45 μ; éch. 14, filaments épais de 30-50 μ; éch. 26, filaments épais de 45-50 μ.

Hormidium flaccidum A. Br. sensu stricto.

Éch. 45, filaments épais de 7,5 - 10 μ, abondant.

Microspora tumidula Hazen.

Éch. 1, filaments épais de 8 μ, cellules longues de 14-16 μ, peu abondant; éch. 2, filaments épais de 7,5 μ; éch. 7, filaments épais de 10 μ, cellules 2 fois plus longues; éch. 15, filaments épais de 7-9 μ.

Microspora stagnorum (Kütz.) Lagerh. (= *Conferva stagnorum* Kütz.).

Éch. 15, filaments épais de 5 μ, cellules 2-3 fois plus longues.

Microspora Willeana Lagerh.

Éch. 2, filaments épais de 12,5 μ.

Microspora Wittrockii (Wille) Lagerh.

Éch. 5, filaments épais de 25 μ.

Rhizoclonium fontanum Kütz. (= *Rh. fontinale* Kütz.).

Éch. 43, filaments épais de 15-18 μ, cellules 2-3 fois plus longues.

Rhizoclonium hieroglyphicum Kütz. sensu stricto.

Éch. 31, filaments épais de 28-30 μ, cellules très longues.

CHAETOPHORALES[1]

Stigeoclonium nudiusculum Kütz. — Fig. 27.

Éch. 2, en petite quantité, filaments principaux épais de 30-40 μ, rameaux peu nombreux, un peu plus minces, terminés par des poils encore assez épais, non subulés.

Trentepohlia aurea (L.) Mart.

Éch. 18, peu abondant.

OEDOGONIALES[2]

Oedogonium capillare Kütz.

Éch. 2, filaments épais de 40-45 μ, oogonies mesurant 40-60 × 45-65 μ, anthéridies mesurant 35-45 × 5-8 μ; forme voisine de la fa. *stagnale* (Kütz.) Hirn, à oospores presque cylindriques.

Oedogonium sp. pl. (ster.).

Éch. 1, sp. 1; éch. 2, sp. pl.; éch. 16, sp. pl.; éch. 19, sp. 1; éch. 20, sp. 2; éch. 31, sp. 1; éch. 33, sp. 1.

Bulbochaete mirabilis Wittr. — Fig. 28.

Éch. 2, forme correspondant à la fig. 366 de Hirn, *loc. cit.*; cellules mesurant 15-20 × 28-36 μ, oogonies épaisses de 25-30 μ, longues de 42-50 μ, anthéridies mesurant 8-10 × 6-8 μ, peu abondant.

CONJUGATAE

A. EUCONJUGATAE

1. ZYGNEMALES[3]

Spirogyra ? Grevilleana (Hass.) Kütz.

1. Déterminations d'après : Chodat, *op. cit.*; Heering, *op. cit.*; Hariot, *Monogr. du genre Trentepohlia*, 1889-90.

2. Déterminations d'après : Hirn, *Monogr. u. Iconogr. d. Oedogoniaceen*, 1900; Heering, *op. cit.*

3. Déterminations d'après Cleve, *Zygnemaceae*, 1868; Petit, *Spirogyra des env. de Paris*, 1880; Wolle, *Freshwater Alg. of U. S. A.*, 1887; Borge, *Zygnemales in* Süsswasserflora, h. 9, 1913.

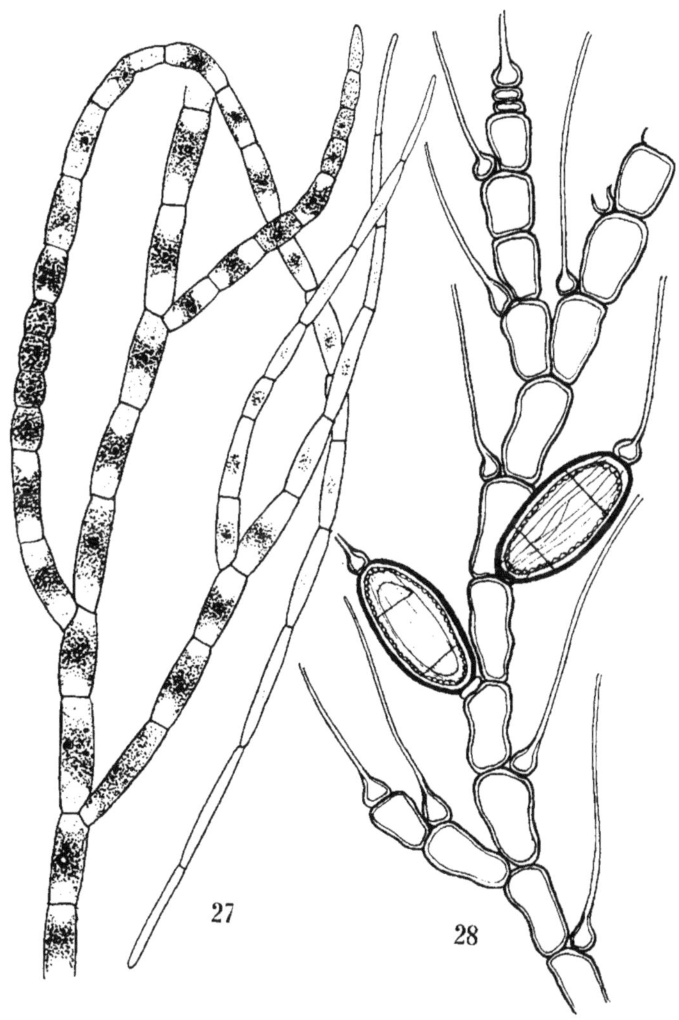

Fig. 27-28. — 27 *Stigeoclonium nudiusculum* Kütz.; 28. *Bulbochaete mirabilis* Wittr. — Gr. : 27 × 200; 28 × 400.

Éch. 25, stérile, mais présente tous les caractères de l'appareil végétatif de *S. Grevilleana*.

Spirogyra sp. (ster.).
Éch. 15, assez voisine, par son appareil végétatif, de *Sp. protecta* Wood.

Spirogyra ? mirabilis (Hass.) Kütz.
Éch. 36, stérile, filaments épais de 27-30 μ, 4-5 fois plus longs, une seule spire.

Spirogyra ? varians (Hass.) Kütz.
Éch. 34, 37 et 40, plantes toutes stériles, mais correspondant bien à cette espèce par les caractères de leur appareil végétatif.

Spirogyra ? fluviatilis Hilse.
Éch. 41, plante stérile, mais par son appareil végétatif correspond bien à cette espèce.

Zygnema pectinatum (Vauch.) Ag. var. *decussatum* (Vauch.) Kirchn.
Éch. 31, cellules épaisses de 18-20 μ, 3-4 fois plus longues; éch. 35, cellules épaisses de 21 μ, 2-3 fois plus longues.

Zygnema anomalum (Hass.) Kütz. var. *crassum* Wolle.
Éch. 33, filaments épais de 50-55 μ, cellules larges de 35-40 μ, 2-4 fois plus longues avant la division, 1,5 fois plus longues après; quelques filaments en voie de copulation.

Zygnema stellinum (Vauch.) Ag.
Éch. 5, filaments épais de 30 μ; éch. 44, quelques filaments stériles, épais de 26-27 μ, à cellules 1-2 fois plus longues que larges; bien que stérile, la plante de cet échantillon, à cause des caractères de son appareil végétatif, me semble devoir être rapportée à cette espèce.

Var. *tenue* (Kütz.) Kirchn. (= *Z. tenue* Kütz.).
Éch. 36, filaments épais de 20-24 μ.

Var. *subtile* (Kütz.) Kirchn. (= *Z. subtile* Kütz.).

Éch. 1, filaments épais de 18-20 μ, cellules 2-4 fois plus longues que larges.

Var. *Vaucheri* (Ag.) Kirchn. (= *Z. Vaucheri* Ag.).
Éch. 14, filaments épais de 22-23 μ.

Zygnema sp.
Éch. 15 et 25, plantes mal caractérisées, mais paraissant voisines de *Z. stellinum*.

Mougeotia ? parvula Hass. (= *Mesocarpus parvulus* Hass.).
Éch. 15, plante stérile, filaments épais de 10 μ.

Mougeotia genuflexa (Dillw.) Ag.
Éch. 31, stérile, filaments épais de 30 μ.

Mougeotia sp. pl.
Éch. 7, 11, 12, 32 et 38, plantes stériles.

2. MESOTAENIALES (DESMIDIACEAE SACCODERMAE)[1]

Gonatozygon Brebissonii De Bary.
Éch. 6, bien conforme aux figures de West.

Mesotaenium De Greyi Turner var. *laeve* West.
Éch. 43, forme un peu plus courte et un peu plus grosse que le type (50×21 μ), n'en diffère nullement par ailleurs.

Mesotaenium macrococcum (Kütz.) Roy et Bisset.
Éch. 2, cellules mesurant 25×12,5 μ, assez voisines de la var. *micrococcum* (Kütz.) W. et G. S. West.

Cylindrocystis Brebissonii Menegh.
Éch. 2, cellules mesurant 42×16 μ; éch. 43, forme un peu plus vigoureuse, 45×18 μ; éch. 45, nombreuses formes mélangées, abondant.

1. Déterminations d'après : W. et G. S. West, *British Desmidiaceae*, 1904-1923.

Var. *minor* W. et G. S. West.

Éch. 2, cellules mesurant 38 × 16 μ; éch. 12, forme un peu plus petite, 35 × 11 μ; éch. 44, cellules mesurant 37 × 14 μ, peu abondant.

Cylindrocystis diplospora Lund. — Fig. 29.

Éch. 15, forme un peu plus vigoureuse que le type, cellules mesurant 72 × 33 μ; éch. 43, cellules mesurant 53 - 55 × 21 μ, bien conformes au type, à membrane apicale nettement épaissie, lisse, incolore; éch. 44, cellules longues de 60 μ, peu abondant.

Netrium digitus (Ehrb.) Itzigs. et Roth. — Fig. 30.

Éch. 2, cellules mesurant 250 × 70 μ, bien conformes au type, assez abondant.

Netrium oblongum (De Bary) Lütkem.

Éch. 2, forme un peu plus large que le type, mesurant 130 × 36 - 38 μ, assez abondant.

Var. *cylindricum* W. et G. S. West.

Éch. 1, cellules mesurant 60 × 16 - 17 μ, nettement cylindriques, à bouts hémisphériques.

B. DESMIDIACEAE (PLACODERMAE)[1]

Penium libellula (Focke) Nordst. — Fig. 31.

Éch. 2, forme typique, cellules mesurant 250 - 300 × 40 - 50 μ, assez abondant.

Penium navicula Bréb.

Éch. 2, forme typique, cellules mesurant 40 - 55 × 12 - 14 μ, assez abondant.

Penium margaritaceum (Ehrb.) Bréb. — Fig. 32.

Éch. 2, forme courte, n'ayant pas plus de 70 μ de long, large de 14 - 15 μ, abondant.

1. Déterminations d'après : W. et G. S. West, *op. cit.*

Penium cucurbitinum Biss.
Éch. 1, forme typique, cellules mesurant 70 × 28 μ, peu abondant.

Fa. *minor* W. et G. S. West.
Éch. 12, cellules mesurant 53 × 22 μ, peu abondant; éch. 43, cellules mesurant 52 × 22 μ, peu abondant.

Penium curtum Bréb.
Éch. 15, cellules mesurant 35 × 20 μ, peu abondant.

Penium minutum (Ralfs) Cleve.
Éch. 2, cellules de la forme de celles de la var. *tumidum* Wille, mais de dimensions plus grandes, 24 × 14 μ.

Closterium cynthia De Not.
Éch. 2, cellules larges de 17 μ, à extrémités distantes de 87 - 120 μ, assez abondant.

Closterium didymotocum Corda. — Fig. 33.
Éch. 1, cellules longues de 350 - 500 μ, larges, en leur milieu, de 15 - 18 μ, assez abondant.

Closterium angustatum Kütz.
Éch. 2, cellules longues de 300 - 375 μ, larges, en leur milieu, de 25 μ.

Closterium striolatum Ehrb.
Éch. 2, cellules longues de 250 μ, larges de 27 μ, peu abondant.

Closterium intermedium Ralfs.
Éch. 1, forme typique et une forme allongée mesurant 375 × 25 μ, la forme typique assez abondante, l'autre très peu.

Closterium ulna Focke.
Éch. 2, cellules mesurant 350 - 375 × 20 - 22 μ, assez abondant; éch. 6, cellules mesurant 300 × 15 - 18 μ, très peu abondant.

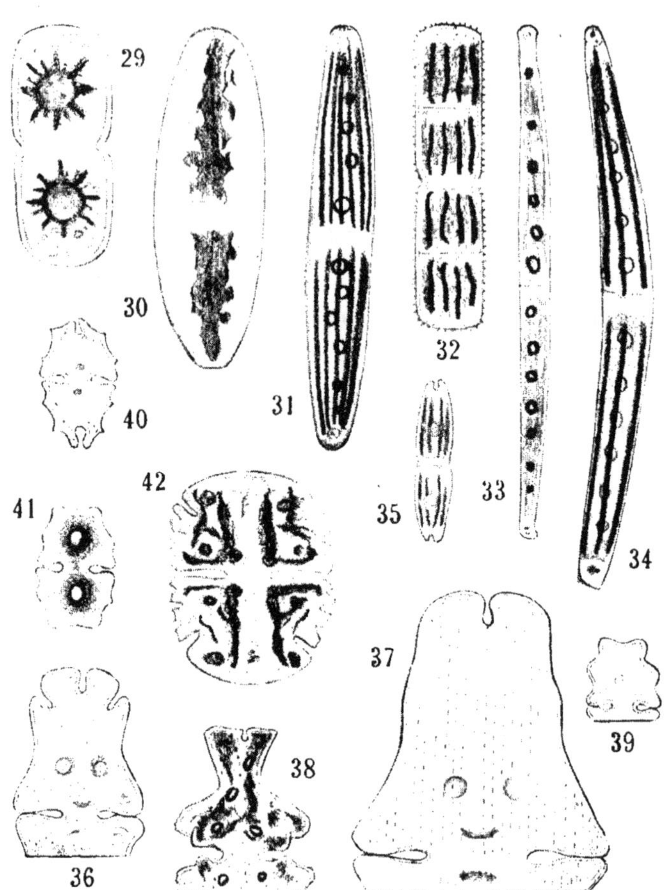

Fig. 29-42. — 29. *Cylindrocystis diplospora* Lund.; 30. *Netrium digitus* Its. et Roth; 31. *Penium libellula* Nordst.; 32. *P. margaritaceum* Bréb.; 33. *Closterium didymotocum* Corda; 34. *Cl. abruptum* West; 35. *Tetmemorus minutus* De Bary; 36. *Euastrum ventricosum* Lund.; 37. *E. ansatum* Ralfs; 38. *E. insigne* Hass.; 39. *E. dubium* Näg. var. *Snowdoniense* West., 40. *E. elegans* Kütz.; 41. *E. insulare* Roy; 42. *Micrasterias crenata* Bréb. — Gr.: 29. 32. 34. 39. 40. 41. × 660; 35-37. 42 × 330; 30. 31. 33 × 200; 38 × 185.

Closterium juncidum Ralfs var. *brevior* Roy.
Éch. 2, forme courte, mesurant 130 × 13 μ, peu abondant.

Closterium Dianae Ehrb.
Éch. 6, cellules mesurant 300-350 × 20-25 μ, assez abondant.

Closterium Jenneri Ralfs.
Éch. 2, cellules mesurant 80-85 × 12-13 μ, peu abondant.

Closterium Venus Kütz.
Éch. 11, cellules mesurant 60 × 8,5 μ, peu abondant.

Closterium moniliferum (Bory) Ehrb.
Éch. 11, cellules mesurant 230 × 40 μ, assez abondant; éch. 23, cellules mesurant 220 × 50 μ, peu abondant.

Closterium lanceolatum Kütz.
Éch. 6, cellules mesurant 300-320 × 40-55 μ, assez abondant.

Closterium abruptum West. — Fig. 34.
Éch. 2, cellules mesurant 130 × 14 μ, à bouts larges et nettement tronqués; plante en tout conforme à la description et aux figures de West, peu abondant.

Closterium turgidum Ehrb.
Éch. 3, cellules mesurant 675-650 × 60-69 μ, assez abondant.

Closterium acutum (Lyngb.) Bréb.
Éch. 6, cellules mesurant 135-140 × 4-5 μ, peu abondant.

Closterium lineatum Ehrb.
Éch. 2, cellules mesurant 300 × 30 μ, peu abondant.

Tetmemorus granulatus (Bréb.) Ralfs.
Éch. 12, cellules mesurant 200 × 40 μ, assez abondant.

Tetmemorus laevis (Kütz.) Ralfs.
Éch. 2, cellules mesurant 80-90 × 22-24 μ, assez abondant;

éch. 43, cellules mesurant 85×25 μ, peu abondant; éch. 44, cellules mesurant 72-75 × 28-31 μ, assez abondant.

Tetmemorus minutus De Bary. — Fig. 35.
Éch. 2, cellules mesurant 65 × 20 μ, peu abondant, mais bien caractérisé.

Euastrum ventricosum Lund. — Fig. 36.
Éch. 2, cellules mesurant 170 × 55 μ, peu abondant, mais bien caractérisé.

Euastrum crassum (Bréb.) Kütz.
Éch. 2, cellules mesurant 180-200× 80-100 μ, abondant.

Euastrum oblongum (Grev.) Ralfs.
Éch. 6, cellules mesurant 170 × 80-85 μ, assez abondant.

Euastrum ansatum Ralfs. — Fig. 37.
Éch. 2, cellules mesurant 70 × 35 μ, assez abondant.

Euastrum insigne Hass. — Fig. 38.
Éch. 2, cellules mesurant 110-130 × 56-60 μ, abondant.

Euastrum dubium Näg. var. *Snowdoniense* (Turn.) West. — Fig. 39.
Éch. 2, forme un peu plus petite que le type (30 × 18 μ au lieu de 31×20 μ), mais par ailleurs parfaitement conforme à la description et aux figures de West, peu abondant.

Euastrum elegans (Bréb.) Kütz. — Fig. 40.
Éch. 2, cellules mesurant 30 × 20 μ, abondant; mélangée au type se trouve une forme assez voisine de la var. *ornithocephalum* (Benn.) West, et qui n'en diffère guère que par une moindre longueur (35 au lieu de 57 μ).

Euastrum insulare (Wittr.) Roy. — Fig. 41.
Éch. 2, dimensions maxima : 28 × 21 μ, peu abondant.

Euastrum sublobatum Bréb.
Éch. 2, grosse forme mesurant 47-48 × 35-36 μ, assez abondant.

Micrasterias truncata (Corda) Bréb.

Éch. 2, forme mesurant 90 × 80 μ, voisine de celle représentée dans la pl. 42, fig. 6, de West, assez abondant.

Micrasterias crenata Bréb. — Fig. 42.

Éch. 2, cellules mesurant 100 × 75 μ, très peu abondant.

Micrasterias sol (Ehrb.) Kütz. — Fig. 43.

Éch. 2, forme mesurant 200 - 205 × 185 - 190 μ, voisine de celle qui est représentée dans la pl. 46, fig. 2, de West, très peu abondant.

Micrasterias rotata (Grev.) Ralfs. — Fig. 44.

Éch. 2, cellules mesurant 250 × 200 μ, peu abondant.

Cosmarium taxichondriforme Eichl. et Gutw. — Fig. 45.

Éch. 2, sous deux formes : l'une vigoureuse, mesurant 40 × 40 μ; l'autre plus petite que le type et mesurant 28 × 27 μ; assez abondant.

Cosmarium circulare Reinsch. — Fig. 46.

Éch. 5, forme mesurant 50 × 40 μ, intermédiaire entre le type et la fa. *minor* West, peu abondant; éch. 11, forme typique mesurant 65 × 50 μ, assez abondant.

Cosmarium cucumis (Corda) Ralfs.

Éch. 12, forme un peu moins large que le type, mesurant 75 × 30 μ, peu abondant.

Cosmarium subcucumis Schmidle.

Ech. 2, cellules mesurant 70 - 76 × 37 - 40 μ, assez abondant; éch. 6, cellules mesurant 75 × 38 μ, peu abondant.

Cosmarium microsphinctum Nordst.

Éch. 2, forme voisine de la var. *majus* Roy et Biss., mesurant 62 × 38 μ, assez abondant.

Cosmarium subtumidum Nordst.

Éch. 2, cellules mesurant 32 × 30 μ, peu abondant.

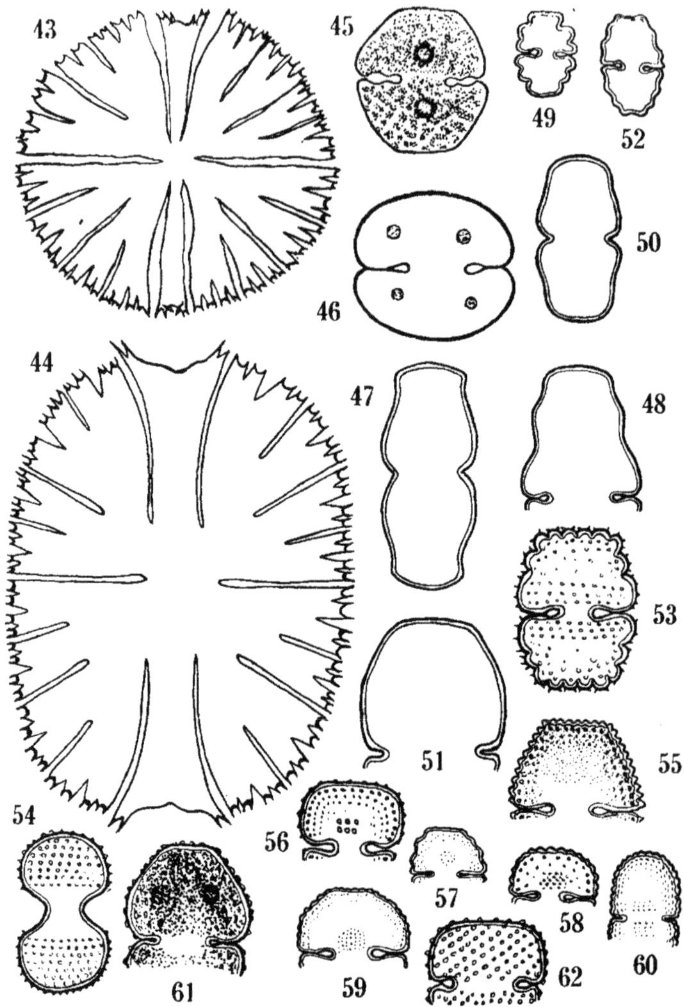

Fig. 43 - 62. — 43. *Micrasterias sol* Kütz.; 44. *M. rotata* Ralfs; 45. *Cosmarium taxichondriforme* Eichl.; 46. *C. circulare* Reinsch; 47. *C. holmiense* Lund.; 48. *C. holmiense* var. *undatum* W. et G. S. West; 49. *C. venustum* Arch. var. *hypohexagonum* West; 50. *C. quadratum* Ralfs; 51. *C. pli-*

Cosmarium pyramidatum Bréb.

Éch. 2, cellules mesurant 70 × 40 μ, peu abondant.

Cosmarium holmiense Lund. var. *integrum* Lund. — Fig. 47.

Éch. 33, cellules mesurant 65 × 30 μ, conformes à la fig. 5 de la pl. 65 de West, peu abondant.

Var. *undatum* W. et G. S. West. — Fig. 48.

Éch. 2, forme un peu plus longue que le type, mesurant 57 × 37 μ, peu abondant.

Cosmarium venustum (Bréb.) Arch. fa. *minor* Wille.

Éch. 2, cellules mesurant 25 × 17 μ, peu abondant.

Var. *hypohexagonum* West. — Fig. 49.

Éch. 2, cellules mesurant 25 × 20 μ, peu abondant.

Cosmarium Naegelianum Bréb.

Éch. 2, cellules mesurant 26 × 22 μ, peu abondant.

Cosmarium moniliforme (Turp.) Ralfs.

Éch. 2, cellules mesurant 25 × 15 μ, assez abondant.

Cosmarium globosum Bulnh.

Éch. 2, cellules mesurant 30 × 24 μ, assez abondant.

Var. *minus* Hansg.

Éch. 2, cellules mesurant 18 × 15 μ, moins abondant que le type; éch. 14, cellules mesurant 20 × 10 μ, peu abondant.

catum Reinsch var. *hibernicum* West; 52. *C. impressulum* Elfv.; 53. *C. caelatum* Ralfs; 54. *C. isthmium* West; 55. *C. sportella* Bréb. var. *subnudum* West; 56. *C. punctulatum* Bréb. var. *subpunctulatum* Börg.; 57. *C. sexnotatum* Gutw. var. *denotatum* Grönbl.; 58. *C. subcrenatum* Hantzch; 59. *C. formosulum* Hoff.; 60. *C. speciosum* Lund. var. *simplex* Nordst.; 61. *C. tetraophthalmum* Bréb.; 62. *C. quadrum* Lund. — Gr. : 43. 44. × 250; 45-59 × 500; 60 × 330; 61, 62 × 300.

Cosmarium quadratum Ralfs. — Fig. 50.
Éch. 2, cellules mesurant 50 × 27 μ, assez abondant.

Cosmarium plicatum Reinsch var. *hibernicum* West. — Fig. 51.
Éch. 2, forme un peu plus petite que le type, mesurant 75 × 38 μ au lieu de 88-96 × 47-52 μ, peu abondant.

Cosmarium pygmaeum Arch.
Éch. 2, cellules mesurant 7-8 × 7-5 μ, assez abondant.

Cosmarium impressulum Elfv. — Fig. 52.
Éch. 2, cellules mesurant 30 × 22 μ, peu abondant.

Cosmarium Meneghinii Bréb.
Éch. 2, cellules mesurant 20 × 13 μ, abondant; éch. 11, forme plus vigoureuse que le type, mesurant 30 × 18 μ au lieu de 12,5-24 × 9,5-17 μ.

Cosmarium laeve Rab.
Éch. 33, forme mesurant 25 × 17-18 μ, à bords un peu ondulés, à sommets ondulés-tronqués, assez voisine de la var. *cymatium* W. et G. S. West, peu abondant.

Cosmarium viride (Corda) Josh.
Éch. 11, cellules mesurant 45 × 22 μ, peu abondant.

Cosmarium caelatum Ralfs. — Fig. 53.
Éch 11, cellules mesurant 45 × 37 μ, conformes à la fig. 7 de la pl. 76 de West, assez abondant.

Cosmarium isthmium West. — Fig. 54.
Éch. 2, cellules mesurant 40 × 25 μ, bien conformes aux figures de West.

Cosmarium Portianum Archer.
Éch. 5, cellules mesurant 40 × 30 μ, peu abondant.

Cosmarium sportella Bréb. var. *subnudum* West. — Fig. 55.

Éch. 20, forme un peu plus allongée que le type, mesurant 55 × 40 µ au lieu de 51 × 40 µ.

Cosmarium margaritiferum Menegh.

Éch. 11, forme mesurant 52 × 45 µ, à sommet presque lisse, portant quelques granules sur chaque côté, assez voisine de la fig. 4 de la pl. 83 de West, peu abondant.

Cosmarium punctulatum Bréb. var. *subpunctulatum* (Nordst.) Börg. — Fig. 56.

Éch. 15, forme mesurant 30 × 27 µ, assez voisine de la fig. 3 de la pl. 85 de West, peu abondant.

Cosmarium sexnotatum Gutw. var. *denotatum* Grönblad, *New Desmids from Finland*, *in* Acta Soc. pro Fauna et Flora fennica, 1921, p. 29. — Fig. 57.

Éch. 33, cellules mesurant 22-23 × 27-28 µ, absolument conforme à la description et aux figures de Grönblad, peu abondant.

Cosmarium subcrenatum Hantzch. — Fig. 58.

Éch. 15, cellules mesurant 30 × 25 µ, peu abondant.

Cosmarium costatum Nordst.

Éch. 44, forme voisine de fa. *major* Boldt, cellules mesurant 45 × 38 µ, très peu abondant (2 individus seulement ont été observés), en tout conforme aux descriptions et à la fig. 13 de la pl. 87 de W. et G. S. West. Ces auteurs considèrent cette espèce comme rare et caractéristique des régions arctiques et alpines, et ils signalent comme un fait étrange sa présence dans les marécages de l'Est de l'Angleterre.

Cosmarium formosulum Hoff. — Fig. 59.

Éch. 1, forme un peu plus petite que le type, mesurant 37 × 30 µ au lieu de 40-50 × 34-40 µ, peu abondant.

Cosmarium speciosum Lund. var. *simplex* Nordst. — Fig. 60.

Éch. 2, cellules mesurant 55 × 30 µ, peu abondant.

Cosmarium tetraophthalmum Bréb. — Fig. 61.

Éch. 1, cellules mesurant 110 × 75 μ, peu abondant; éch. 5, cellules mesurant 95 × 70 μ, assez abondant; éch. 33, cellules mesurant 105 × 76 μ, peu abondant.

Cosmarium botrytis Menegh.

Éch. 2, cellules mesurant 70-75 × 54-63 μ, assez abondant; éch. 12, forme voisine de la var. *mediolaeve* West, mais un peu plus petite, mesurant 60 × 45 μ au lieu de 65-70 × 55-59 μ, peu abondant.

Var. *emarginatum* Hansg.

Éch. 11, cellules mesurant 80 × 60 μ, présentant au sommet une dépression peu étendue mais très nette, peu abondant.

Cosmarium margaritatum (Lund.) Roy et Biss.

Éch. 2, forme plus petite que le type, mesurant 55 × 48 μ au lieu de 66-105 × 56-82 μ, peu abondant.

Cosmarium quadrum Lund. — Fig. 62.

Éch. 11, petite forme mesurant 45 × 35 μ au lieu de 60-83 × 54-74 μ chez le type, peu abondant.

Cosmarium amoenum Bréb. — Fig. 63.

Éch. 2, cellules mesurant 55 × 28 μ; éch. 11, forme mesurant 40 × 33 μ, à membrane apicale à peine convexe, assez voisine de la fig. 10 de la pl. 102 de West, peu abondant.

Cosmarium pseudoamoenum Wille.

Éch. 2, cellules mesurant 58 × 20 μ, peu abondant.

Cosmarium elegantissimum Lund. — Fig. 64.

Éch. 2, forme mesurant 65 × 25 μ, plus petite que le type (82-88 × 37-37 μ), intermédiaire entre celui-ci et la fa. *minus* West qui mesure 49-54 × 22-23 μ, peu abondant.

Arthrodesmus incus (Bréb.) Hass. var. *Ralfsii* W. et G. S. West. — Fig. 65.

Éch. 2, assez abondant.

Arthrodesmus triangularis Lagerh. — Fig. 66.
Éch. 2, cellules mesurant 24 × 22 μ, assez abondant.

Staurastrum muticum Bréb.
Éch. 2, cellules mesurant 23 × 26 μ, peu abondant.

Staurastrum brevispinum Bréb.
Éch. 2, cellules mesurant 30 × 30 μ, peu abondant.

Staurastrum orbiculare Ralfs.
Éch. 2, cellules mesurant 55 × 48 μ, assez abondant.

Staurastrum punctulatum Bréb. — Fig. 67.
Éch. 15, cellules épaisses de 25 μ, peu abondant; éch. 27, cellules épaisses de 30 μ, forme voisine de la var. *Kjellmanni* Wille, très peu abondant.

Straurastrum polytrichum (Perty) Rab. — Fig. 68.
Éch. 15, forme mesurant 60 × 52-54 μ, peu abondant.

Staurastrum gladiosum Turn.
Éch. 2, cellules mesurant 38 × 48 μ, assez abondant.

Staurastrum teliferum Ralfs. — Fig. 69.
Éch. 2, cellules mesurant 30 × 39 μ, un peu plus petites que le type, assez abondant.

Staurastrum hirsutum (Ehrb.) Bréb. — Fig. 70.
Éch. 2, cellules mesurant 30-34 × 31-33 μ, assez abondant.

Staurastrum gracile Ralfs var. *nanum* Wille. — Fig. 71.
Éch. 2, cellules mesurant 15 × 24 μ, peu abondant.

Staurastrum polymorphum Bréb.
Éch. 2, cellules mesurant 24 × 35 μ, peu abondant.

Staurastrum proboscidium (Bréb.) Archer.
Éch. 15, cellules mesurant 32 × 27 μ, un peu plus petites que chez le type, peu abondant.

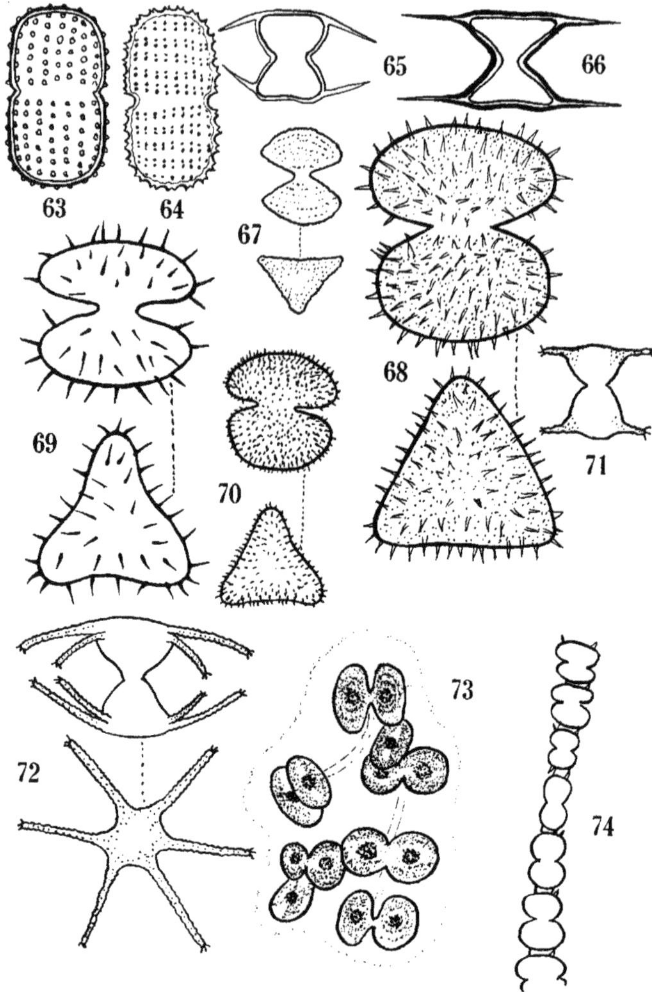

Fig. 63-74. — 63. *Cosmarium amoenum* Bréb.; 64. *C. elegantissimum* Lund.; 65. *Arthrodesmus incus* Hass. var. *Ralfsii* W. et G. S. West; 66. *A. triangularis* Lag.; 67. *Staurastrum punctulatum* Bréb.; 68. *St. polytrichum* Rab.; 69. *St. teliferum* Ralfs; 70. *St. hirsutum* Bréb.; 71. *St. gracile* Ralfs var. *nanum* Wille; 72. *St. arachne* Ralfs; 73. *Cosmocladium saxonicum* De Bary; 74. *Onychonema filiforme* Roy et Biss. — Gr.: 63-74 × 500.

Staurastrum cyrtocerum Bréb.
Éch. 2, cellules mesurant 42 × 16 μ, peu abondant.

Staurastrum arachne Ralfs. — Fig. 72.
Éch. 2, cellules mesurant 25-26 × 15-16 μ, assez abondant.

Cosmocladium saxonicum De Bary. — Fig. 73.
Éch. 2, cellules mesurant 21-25 × 18-19 μ, assez abondant.

Onychonema filiforme (Ehrb.) Roy et Biss. — Fig. 74.
Éch. 2, très peu abondant (2 filaments seulement, mais bien caractérisés).

Hyalotheca dissiliens (Sm.) Bréb.
Éch. 2, assez abondant; éch. 6, assez abondant; éch. 36, forme voisine de la var. *hians* Wolle, peu abondant.

Hyalotheca mucosa (Mert.) Ehrb.
Éch. 2, cellules larges de 21 μ, assez abondant.

Desmidium aptogonum Bréb.
Éch. 2, assez abondant.

Var. *acutius* Nordst.
Éch. 2, cellules larges de 40 μ, peu abondant.

Desmidium Swartzii Ag.
Éch. 2, cellules larges de 40 μ, peu abondant; éch. 6, cellules larges de 42 × 45 μ, assez abondant.

Var. *quadrangulatum* (Ralfs) Roy.
Éch. 2, cellules larges de 55-57 μ, abondant.

HETEROKONTAE

Tribonema bombycinum Derb. et Sol.
Éch. 5, filaments épais de 5 μ; éch. 15, filaments épais de 7-8 μ; éch. 33, filaments épais de 10 μ, cellules un peu renflées vers leur milieu, 4-6 fois plus longues que larges.

CHRYSOPHYCEAE

Hydrurus foetidus Kirchn.

Éch. 4, se rapproche de la fa. *irregularis* Kütz.

BACILLARIALES (DIATOMALES)[1]

CENTRICAE

Melosira distans Kütz.

Éch. 33, abondant; éch. 34, assez abondant; éch. 38, abondant.

Var. *nivalis* W. Smith.

Éch. 15, assez abondant.

Melosira varians Ag.

Éch. 26, assez abondant.

Melosira (Orthosira) granulata Ehrb.

Éch. 26, assez abondant.

Melosira (Orthosira ?) Dickiei Thw.

Éch. 26, peu abondant.

PENNATAE

Tetracyclus Braunii Grunow [= *T. rupestris* (A. Br.) Grun.]. — Fig. 75.

Éch. 12, peu abondant; éch. 25, abondant; éch. 26, très peu abondant.

Tabellaria flocculosa Kütz.

Éch. 2, frustules longues de 30-35 μ, assez abondant; éch. 5, peu abondant; éch. 12, très abondant; éch. 15, frustules longues de 38-42 μ, très abondant; éch. 25, abondant; éch. 37, assez abondant.

1. Déterminations d'après : H. Van Heurck, *Traité des Diatomées*, 1899; Schönfeldt, *Bacillariales* (*in* Süsswasserflora, h. 10), 1913. L'ordre suivi et la nomenclature adoptée sont ceux de ce dernier travail.

Tabellaria fenestrata (Lyngb.) Kütz.
Éch. 26, assez abondant; éch. 34, abondant.

Denticula crassula Naeg.
Éch. 15, frustules longues de 16-18 μ, peu abondant.

Denticula tenuis Kütz. — Fig. 76.
Éch. 1, frustules longues de 28-30 μ, peu abondant; éch. 17, peu abondant; éch. 21, peu abondant.

Var. *inflata* W. Smith.
Éch. 4, frustules longues de 26 μ, peu abondant.

Denticula elegans Kütz.
Éch. 4, frustules longues de 26 μ, peu abondant; éch. 17, peu abondant; éch. 21, peu abondant.

Meridion circulare Ag.
Éch. 27, peu abondant; éch. 33, peu abondant.

Diatoma vulgare Bory.
Éch. 1, assez abondant; éch. 5, abondant; éch. 12, assez abondant; éch. 20, peu abondant; éch. 34, peu abondant; éch. 43, très peu abondant; éch. 45, assez abondant.

Var. *lineare* H. V. H.
Éch. 34, valves allongées et légèrement capitées, très peu abondant.

Diatoma anceps (Ehrb.) Grun.
Éch. 34, peu abondant.

Fragilaria virescens Ralfs.
Éch. 2, frustules longues de 50-60 μ, assez abondant; éch. 27, peu abondant; éch. 45, assez abondant.

Fragilaria (Staurosira) capucina Desm.

Var. *acuta*.
Éch. 17, valves étroites, lancéolées, à sommets subaigus, peu abondant.

Var. *acuminata* Grun.
Éch. 17, valves lancéolées, étroitement et longuement rostrées, très peu abondant.

Fragilaria (Staurosira) construens (Ehrb.) Grun. (= *Odontidium tabellaria* W. Smith).
Éch. 25, frustules longues de 16-17 μ, peu abondant; éch. 33, peu abondant.

Var. *venter* H. V. H.
Éch. 33, valve lancéolée, renflée vers le milieu, à extrémités obtuses, très peu abondant.

Fragilaria (Staurosira) brevistriata Grun.
Éch. 27, frustules longues de 15-17 μ, à stries marginales très courtes, peu abondant.

Synedra pulchella Kütz.
Éch. 4, valves longues de 60-70 μ, assez abondant; éch. 11, peu abondant; éch. 19, abondant.

Var. *lanceolata* O'Meara.
Éch. 4, valves naviculiformes, longues de 30-35 μ, peu abondant; éch. 26, peu abondant.

Var. *Smithii* Pritch.
Éch. 25, valves longues de 100 μ environ, très étroites, peu abondant.

Synedra ulna Ehrb.
Éch. 21, valves longues de 170-190 μ, très peu abondant.

Var. *obtusa* W. Smith (ut spec.).
Éch. 37, valves à extrémités obtuses, peu abondant.

Var. *subaequalis* (Grun.) H. V. H.
Éch. 14, valves longues de 250 μ, extrémités obtuses, à peine capitées, peu abondant.

Var. *splendens* Kütz. (ut spec.).
Éch. 15, valves longues de 350 μ, assez abondant; éch. 26, abondant.

Var. *vitrea* Kütz. (ut spec.)
Éch. 19, valves longuement et étroitement rostrées, peu abondant; éch. 27, peu abondant; éch. 31, assez abondant.

Synedra acus (Kütz.) Grun.
Éch. 1, valves longues de 130-140 μ, assez abondant; éch. 26, assez abondant.

Var. *delicatissima* (W. Smith) Grun.
Éch. 15, valves longues de 125-130 μ, à extrémités assez nettement capitées, assez abondant; éch. 16, assez abondant.

Synedra radians (Kütz.) Grun.
Éch. 15, valves longues de 40-50 μ, peu abondant.

Asterionella formosa Hass.
Éch. 31, peu abondant; éch. 42, peu abondant.

Ceratoneis arcus Kütz.
Éch. 4, valves longues de 45-50 μ, peu abondant; éch. 5, assez abondant; éch. 15, assez abondant; éch. 26, valves longues de 60 μ, assez abondant; éch. 28, très peu abondant.

Eunotia robusta Ralfs.
Éch. 45, très peu abondant.

Var. *tetraodon* H. V. H. — Fig. 77.
Éch. 2, valves longues de 40 μ, (un peu plus petites que le type), dos à 4 bosses, peu abondant; éch. 45, peu abondant.

Eunotia (Himantidium) arcus Ehrb. — Fig. 78.
Éch. 1, valves longues de 55-65 μ, assez abondant; éch. 2, abondant.

Var. *minor* H. V. H.
Éch. 1, valves longues de 30-35 μ, peu abondant.

Eunotia (Himantidium) gracilis (Ehrb.) Rab.
Éch. 9, valves longues de 120 μ, très peu abondant.

Eunotia (Himantidium) pectinalis (Kütz.) Rab. - Fig. 79.

Éch. 4, valves longues de 60-115 μ, assez abondant; éch. 16, assez abondant.

Fa. *elongata* H. V. H.

Éch. 5, valves presque droites, longues de 130-150 μ, assez abondant; éch. 25, assez abondant; éch. 31, peu abondant; éch. 40, peu abondant.

Eunotia (Pseudo-Eunotia) lunaris Ehrb. — Fig. 80.

Éch. 4, valves longues de 60-70 μ, assez abondant; éch. 5, abondant; éch. 14, valves longues de 75 μ, abondant; éch. 25, assez abondant; éch. 34, abondant; éch. 35, assez abondant; éch. 45, peu abondant.

Var. *subarcuata* (Naeg.) Grun.

Éch. 1, valves longues de 50 μ, fortement arquées, assez abondant; éch. 12, valves longues de 55 μ, abondant; éch. 25, assez abondant; éch. 37, abondant.

Var. *bilunaris* (Ehrb.) Grun. — Fig. 81.

Éch. 4, abondant; éch. 5 assez abondant; éch. 15, abondant; éch. 25, abondant; éch. 26, abondant.

Achnanthes (Microneis) exilis Kütz.

Éch. 1, valves longues de 17-25 μ, peu abondant; éch. 26, peu abondant.

Achnanthes (Achnanthidium) lanceolata Bréb.

Éch. 1, valves longues de 18-20 μ, assez abondant.

Achnanthes (Achnanthidium) coarctata Bréb.

Éch. 12, valves longues de 25-27 μ, très peu abondant.

Cocconeis pediculus Ehrb. — Fig. 82.

Éch. 1, valves longues de 20-25 μ, peu abondant.

Cocconeis placentula Ehrb. — Fig. 83.

Éch. 25, valves longues de 30 μ, peu abondant; éch. 26, très peu abondant; éch. 27, abondant.

Cocconeis (Eucocconeis) flexella Kütz. (= *Achnanthidium flexellum* Kütz.). — Fig. 84.

Éch. 17, valves longues de 40-45 μ, très peu abondant; éch. 19, très peu abondant.

Mastogloia Braunii Grun.

Éch. 32, valves longues de 45-55 μ, assez abondant.

Navicula (Diploneis) ovalis Hilse. — Fig. 85.

Éch. 21, valves longues de 50 μ, peu abondant.

Navicula (Neidium) iridis Ehrb. — Fig. 86.

Éch. 2, valves longues de 128 μ, assez abondant.

Var. *amphigomphus* Ehrb. — Fig. 87.

Éch. 2, longueur = 120 μ, extrémités cunéiformes, assez abondant.

Var. *affinis* H. V. H.

Éch. 43, valves linéaires, à extrémités légèrement rostrées-capitées, peu abondant.

Var. *producta* H. V. H. — Fig. 88.

Éch. 2, longueur = 150 μ, valves elliptiques, à sommets nettement capités, peu abondant.

Navicula (Frustulia) rhomboides (Ag.) Ehrb. — Fig. 89

Éch. 1, longueur = 95-105 μ, peu abondant; éch. 44, peu abondant.

Var. *saxonica* Rab. (ut spec.). — Fig. 90.

Éch. 2, longueur = 45-50 μ, extrémités assez nettement rostrées, assez abondant; éch. 15, longueur = 70-72 μ, assez abondant; éch. 44, assez abondant, beaucoup plus que le type.

Navicula (Amphipleura) pellucida Kütz. — Fig. 91.

Éch. 1, abondant; éch. 2, très abondant; éch. 9, très peu abondant; éch. 11, abondant; éch. 12, abondant; éch. 17, assez abondant; éch. 25, assez abondant; éch. 28, peu abondant; éch. 33, assez abondant; éch. 44, peu abondant.

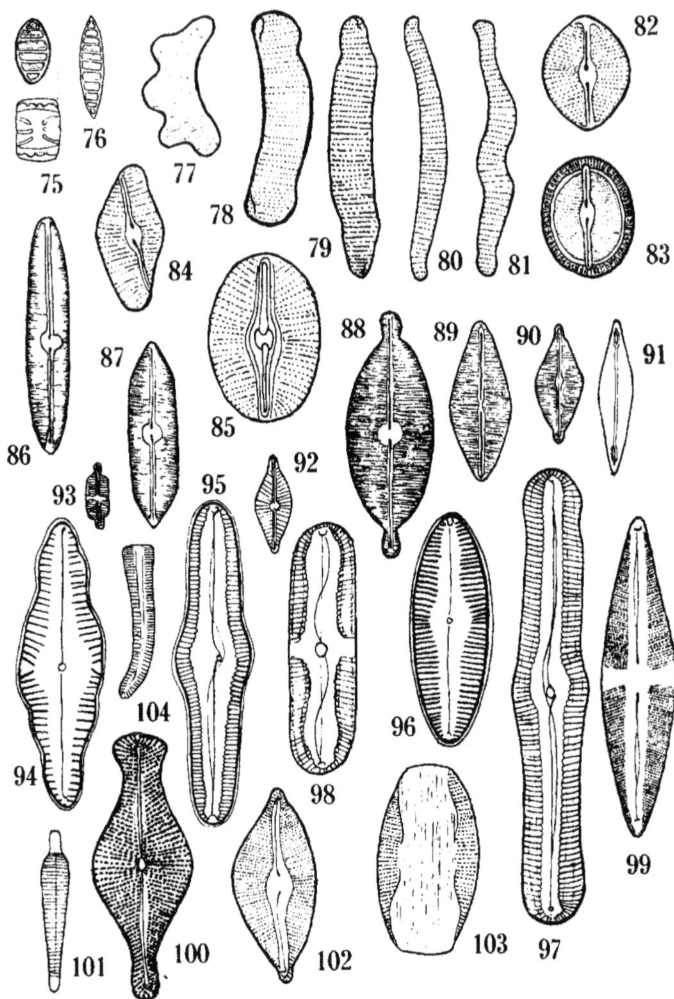

Fig. 75-104. — 75. *Tetracyclus Braunii* Grun.; 76. *Denticula tenuis* Kütz.; 77. *Eunotia robusta* Ralfs var. *tetraodon* H. V. H.; 78. *E. arcus* Ehrb.; 79. *E. pectinalis* Rab.; 80. *E. lunaris* Ehrb.; 81. *E. lunaris* var. *bilunaris* Grun.; 82. *Cocconeis pediculus* Ehrb.; 83. *C. placentula* Ehrb.; 84. *E. flexella* Kütz.; 85. *Navicula ovalis* Hilse; 86. *N. iridis*

Navicula cryptocephala Kütz. — Fig. 92.
Éch. 5, longueur = 28-30 μ, peu abondant.

Navicula radiosa Kütz. (= *N. acuta* W. Smith) var. *tenella* H. V. H.
Éch. 4, longueur = 30-35 μ, peu abondant.

Navicula dicephala W. Smith. — Fig. 93.
Éch. 43, longueur = 20 μ, peu abondant.

Pinnularia mesolepta Ehrb. var. *termes* H. V. H.
Éch. 33, longueur = 45-50 μ, une légère constriction médiane, peu abondant.

Pinnularia legumen Ehrb. — Fig. 94.
Éch. 4, longueur = 90 μ, peu abondant.

Pinnularia lata Bréb.
Éch. 19, longueur = 105 μ, très peu abondant; éch. 20, très peu abondant; éch. 43, forme plus courte que le type, longueur = 50 μ, très peu abondant.

Pinnularia parva Ehrb.
Éch. 43, longueur = 55-60 μ, peu abondant.

Pinnularia major Kütz. — Fig. 95.
Éch. 1, longueur = 180 μ, assez abondant; éch. 11, lon-

Ehrb.; 87. *N. iridis* var. *amphigomphus* Ehrb.; 88. *N. iridis* var. *producta* H. V. H.; 89. *N. rhomboides* Ehrb.; 90. *N. rhomboides* var. *saxonica* Rab.; 91. *N. pellucida* Kütz.; 92. *N. cryptocephala* Kütz.; 93. *N. dicephala* W. Sm.; 94. *Pinnularia legumen* Ehrb.; 95. *P. major* Kütz.; 96. *P. viridis* Ehrb.; 97. *P. nobilis* Ehrb.; 98. *P. cardinalis* Ehrb.; 99. *P. phoenicentron* Ehrb.; 100. *Gomphonema geminatum* Ag.; 101. *Peronia erinacea* Arnott; 102. *Cymbella Ehrenbergii* Kütz.; 103. *Amphora ovalis* Kütz.; 104. *Rhoiscophenia curvata* Grun. — Gr. : 75-81 × 500; 82 × 750; 83-85 × 500; 86 × 250; 87-88 × 500; 89 × 400; 90-91 × 250; 92-94 × 500; 95-97 × 250; 98 × 200; 99-100 × 500; 101 × 750; 102 × 250; 103 × 500; 104 × 750.

gueur = 200 μ, assez abondant; éch. 12, peu abondant; éch. 43, longueur = 200 μ, peu abondant; éch. 44, peu abondant.

Var. *linearis* Cleve.

Éch. 33, valves non renflées vers leur milieu, très peu abondant.

Pinnularia viridis Ehrb. — Fig. 96.

Éch. 20, longueur = 130 μ, peu abondant; éch. 43, longueur = 150 μ, peu abondant.

Pinnularia nobilis Ehrb. — Fig. 97.

Éch. 2, longueur = 280-300 μ, assez abondant.

Pinnularia cardinalis Ehrb. — Fig. 98.

Éch. 43, longueur = 180 μ, très peu abondant.

Stauroneis phoenicentron Ehrb. — Fig. 99.

Éch. 1, longueur = 80-110 μ, assez abondant; éch. 2, longueur = 130 μ, abondant.

Stauroneis Smithii Grun.

Éch. 27, longueur = 27-30 μ, très peu abondant.

Stauroneis anceps Ehrb.

Éch. 2, longueur = 40-45 μ, très peu abondant.

Var. *linearis* (Kütz.) H. V. H.

Éch. 7, valves à bords parallèles, à sommets brusquement atténués-rostrés, très peu abondant.

Gomphonema constrictum Ehrb.

Éch. 16, longueur = 50-55 μ, abondant.

Gomphonema geminatum (Lyngb.) Ag. — Fig. 100.

Éch. 19, longueur = 120 μ, peu abondant.

Gomphonema augur Ehrb.

Éch. 1, longueur = 35 μ, peu abondant.

Gomphonema angustatum Kütz.

Éch. 1, longueur = 40-45 μ, peu abondant; éch. 9, très peu abondant.

Gomphonema parvulum Kütz. var *micropus* (= *G. micropus* Kütz.).
Éch. 26, longueur = 25-27 μ, très peu abondant.

Gomphonema olivaceum Lyngb.
Éch. 1, longueur = 20-22 μ, peu abondant ; éch. 11, longueur = 25-30 μ, assez abondant.

Var. *vulgare* Grun. (= *Sphenella vulgaris* Kütz.).
Éch. 1, longueur = 18-20 μ, fortement claviforme, peu abondant; éch. 11, longueur = 20-22 μ, assez abondant.

Peronia erinacea (Bréb.) Arnott. — Fig. 101.
Éch. 31, longueur = 28-30 μ, peu abondant.

Rhoiscosphenia curvata (Kütz.) Grun. — Fig. 104.
Éch. 1, longueur = 18-22 μ, peu abondant.

Cymbella microcephala Grun.
Éch. 14, longueur = 15 μ, peu abondant; éch. 21, peu abondant.

Cymbella Ehrenbergii Kütz. — Fig. 102.
Éch. 33, longueur = 115-125 μ, peu abondant.

Cymbella subaequalis W. Smith.
Éch. 4, longueur = 40 μ, peu abondant.

Cymbella aequalis W. Smith (= *C. obtusa* Gregory).
Éch. 33, longueur = 35-40 μ, peu abondant.

Cymbella (Cocconema) parva W. Smith (= *C. cymbiformis* Kütz. var. *parva* H. V. H.).
Éch. 1, longueur = 45 μ, peu abondant; éch. 2, longueur = 25-50 μ, abondant; éch. 12, longueur = 32 μ, peu abondant.

Cymbella (Cocconema) lanceolata Ehrb.
Éch. 1, longueur = 85 μ, assez abondant; éch. 5, longueur = 120-130 μ, peu abondant; éch. 7, longueur = 110-125 μ, très peu abondant.

Cymbella (Cocconema) cistula Hemprich.
Éch. 16, longueur = 120 - 130 μ, abondant.

Fa. *maculata* H. V. H. (= *C. maculata* Kütz. non Bréb.).
Éch. 16, forme trapue, sans granules isolés, peu abondant.

Cymbella (Cocconema) aspera Ehrb. (= *C. gastroides* Kütz.).
Éch. 1, longueur = 150 μ, peu abondant.

Cymbella (Encyonema) turgida (Greg.) Grunow.
Éch. 2, longueur = 45 - 50 μ, très peu abondant.

Cymbella (Encyonema) Cesatii (Kütz.) Rab.
Éch. 1, longueur = 50 μ, peu abondant.

Cymbella (Encyonema) prostrata Berk. (= *Encyonema paradoxum* Kütz.).
Éch. 11, longueur = 60 μ, peu abondant; éch. 27, longueur = 65 - 70 μ, peu abondant.

Cymbella (Encyonema) ventricosa Kütz. (= *Encyonema caespitosum* Kütz.).
Éch. 4, longueur = 25 μ, peu abondant; éch. 11, longueur = 30 μ, assez abondant; éch. 15, peu abondant; éch. 20, très peu abondant; éch. 26, très peu abondant; éch. 27, assez abondant.

Amphora ovalis Kütz. — Fig. 103.
Éch. 5, longueur = 55 μ, peu abondant.

Fa. *gracilis* H. V. H.
Éch. 17, très peu abondant.

Fa. *affinis* Kütz.
Éch. 17, très peu abondant.

Epithemia argus Ehrb.
Éch. 1, longueur = 70 μ, abondant; éch. 5, longueur = 60 μ, peu abondant; éch. 11, longueur = 60 - 65 μ, abondant; éch. 25, peu abondant; éch. 26, peu abondant; éch. 27, assez abondant.

Var. *amphicephala* Grun.

Éch. 36, valve presque droite, à extrémités fortement rostrées-capitées, peu abondant.

Epithemia Hyndmannii W. Smith (= *E. luna* Ehrb.). — Fig. 105.

Éch. 20, longueur = 190 μ, peu abondant.

Epithemia sorex Kütz.

Éch. 1, longueur = 30 μ, peu abondant; éch. 25, peu abondant.

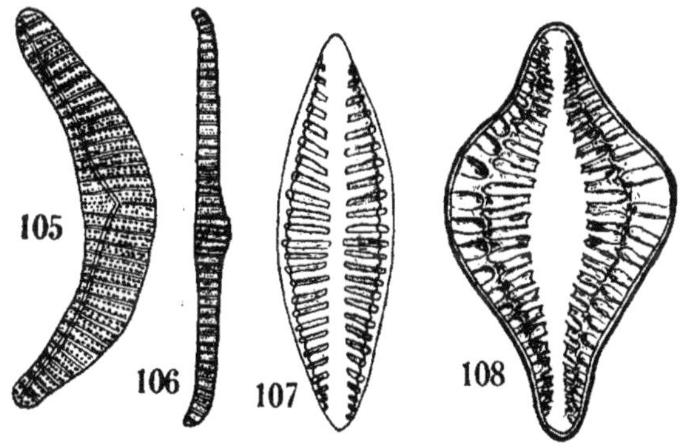

Fig. 105-108. — 105. *Epithemia Hyndmannii* W. Sm.; 106. *Rhopalodia gibba* O. Müll.; 107. *Surirella biseriata* Bréb.; 108. *Surirella turgida* W. Sm. — Gr. : 105 × 250; 106 × 500; 107 × 250; 108 × 500.

Epithemia zebra Ehrb.

Éch. 12, longueur = 30-35 μ, peu abondant; éch. 15, longueur = 55 μ, assez abondant.

Rhopalodia gibba (Ehrb.) O. Müller. — Fig. 106.

Éch. 12, longueur = 100 μ, assez abondant; éch. 20, longueur = 120 μ, très peu abondant.

Rhopalodia ventricosa (Grun.) O. Müller (= *Epithemia gibba* Kütz. var. *ventricosa* H. V. H.).

Éch. 27, longueur = 60 μ, peu abondant.

Nitzschia subtilis Grunow.
Éch. 12, longueur = 90-95 μ, peu abondant; éch. 19, peu abondant.

Var. *palacea* Grunow.
Éch. 19, longueur = 30 μ, peu abondant.

Surirella biseriata Bréb. (= *S. bifrons* Ehrb.). — Fig. 107.
Éch. 20, longueur = 180 μ, peu abondant.

Surirella linearis W. Smith var. *tenella* Kütz.
Éch. 27, dimensions = 87 × 20 μ, abondant.

Surirella turgida W. Smith. — Fig. 108.
Éch. 20, longueur = 100-110 μ, peu abondant.

Surirella ovalis Bréb. var. *minuta* H. V. H.
Éch. 20, longueur = 30 μ, peu abondant.

DINOPHYCEAE (PERIDINIEAE)[1]

Peridinium pusillum (Pénard) Lemm. (= *Glenodinium pusillum* Pénard).
Éch. 2, dimensions = 20 × 15 μ, très peu abondant.

Peridinium Willei Huitfeld-Kaas.
Éch. 2, dimensions = 60 × 50 μ, peu abondant; éch. 15, très peu abondant.

Peridinium cinctum Ehrb.
Éch. 7, dimensions = 42 × 41 μ, très peu abondant.

RHODOPHYCEAE

Chantransia sp.
Éch. 9, quelques filaments seulement, stériles.

1. Déterminations d'après : Schilling, *Dinoflagellatae* (*in* Süsswasserflora, h. 3), 1913.

MYXOPHYCEAE (CYANOPHYCEAE)[1]

CHROOCOCCALES

Chroococcus macrococcus (Kütz.) Rab. — Fig. 109.

Éch. 7, cellules épaisses, sans leur tégument, de 30-40 μ, tégument lamelleux, s'écaillant irrégulièrement, peu abondant. — Pour un assez grand nombre d'auteurs modernes, cette plante ne serait pas une Cyanophycée, mais un Péridinien. (Voir à ce sujet : Geitler, *Cyanophyceae in* Rabenhorst's Kryptogamen-Flora, p. 223-224).

Chroococcus giganteus W. West. — Fig. 110.

Éch. 2, cellules épaisses de 55 μ sans leur tégument, tégument peu lamelleux, peu abondant.

Chroococcus turgidus (Kütz.) Naeg.

Éch. 2, cellules épaisses de 15-20 μ sans leur tégument, assez abondant ; éch. 7, cellules épaisses de 20 μ sans leur tégument, de 30 μ avec leur tégument, assez abondant ; éch. 17, peu abondant.

Chroococcus minutus (Kütz.) Naeg.

Éch. 7, cellules épaisses de 5-6 μ sans leur tégument, de 6-7 μ avec leur tégument, assez abondant ; éch. 11, peu abondant ; éch. 17, peu abondant ; éch. 28, cellules épaisses de 8-9 μ sans leur tégument, de 11-13 μ avec leur tégument, assez abondant ; éch. 39, cellules épaisses de 8-10 μ sans leur tégument, de 14-16 μ avec leur tégument, assez abondant.

Chroococcus limneticus Lemm.

Éch. 7, cellules de 8-12 μ sans leur tégument, de 12-16 μ avec leur tégument, assez abondant.

1. Déterminations d'après : Bornet et Flahault, *Révision des Nostocacées hétérocystées*, 1886-1888 ; Gomont, *Monographie des Oscillariées*, 1893 ; Forti, *Sylloge Myxophycearum*, 1907 ; Geitler, *Cyanophyceae* (*in* Süsswasserflora, h. 12), 1925 ; *Cyanophyceae* (*in* Rabenhorst's Kryptogamen-Flora, bd. XIV, lief. 1), 1930 ; Frémy, *Scytonémacées de France*, 1927 ; *Stigonémacées de France*, 1930.

Chroococcus helveticus Naeg. — Fig. 111.
Éch. 22, cellules épaisses de 4 μ sans leur tégument, colonies de 4-8 cellules, protoplasma granuleux, peu abondant.

Chroococcus varius A. Braun.
Éch. 39, petite forme à cellules épaisses de 2 μ seulement sans leur tégument; par ailleurs conforme au type, peu abondant.

Chroococcus cohaerens (Bréb.) Naeg.
Éch. 39, cellules épaisses de 4-5 μ, peu abondant.

Chroococcus minor (Kütz.) Naeg.
Éch. 11, cellules épaisses de 3-4 μ, assez abondant; éch. 17, peu abondant; éch. 23, très peu abondant.

Synechococcus aeruginosus Naeg. — Fig. 112.
Éch. 2, cellules mesurant 15 × 20 μ, peu abondant.

Gloeocapsa magma (Bréb.) Kütz.
Éch. 17, téguments faiblement colorés en rouge (forme d'ombre), peu abondant; éch. 44, peu abondant.

Gloeocapsa ocellata Rab. — Fig. 113.
Éch. 11, cellules épaisses de 5-6 μ, groupées par 5-6 en petites familles, téguments d'un jaune brunâtre, peu abondant.

Gloeocapsa dermochroa Naeg. — Fig. 114.
Éch. 17, cellules épaisses de 2-2,5 μ sans leur tégument, peu abondant; éch. 39, téguments d'un jaune pâle, assez abondant.

Gloeocapsa quaternata (Bréb.) Kütz.
Éch. 39, cellules épaisses de 4 μ sans leur tégument, groupées par 2-4, peu abondant.

Gloeocapsa punctata Naeg. — Fig. 115.
Éch. 39, cellules épaisses de 1,5-2 μ, groupées par 4 en familles larges d'environ 8 μ, peu abondant.

Gloeothece rupestris (Lyngb.) Born.

Éch. 11, cellules mesurant 4 × 8 μ sans leur tégument, peu abondant.

Aphanocapsa virescens (Hass.) Rab.

Éch. 39, cellules épaisses de 5-6 μ, peu abondant.[1]

Aphanocapsa rivularis (Carm.) Rab.

Éch. 30, cellules épaisses de 6-7 μ, peu abondant.

Aphanocapsa Naegelii Richt.

Éch. 11, cellules épaisses de 2,5-3 μ, assez abondant; éch. 12, cellules épaisses de 4 μ, à contenu violet, assez abondant; éch. 30, cellules épaisses de 2,5-3,5 μ, peu abondant. — *A. Naegelii* semble assez voisin de *Aphanocapsa montana* Cramer et doit peut-être se confondre avec lui.

Aphanocapsa pulchra (Kütz.) Rab.

Éch. 2, cellules épaisses de 4,5-5 μ, peu abondant.

Aphanocapsa Grevillei (Hass.) Rab.

Éch. 9, cellules épaisses de 5 μ, peu abondant.

Aphanocapsa violacea Grunow. — Fig. 116.

Éch. 39, cellules épaisses de 3,5 μ, à contenu d'un violet pâle, peu abondant.

Aphanothece Castagnei (Bréb.) Rab.

Éch. 11, cellules mesurant 3 × 8 μ, peu abondant.

1. La détermination de cette plante avait été faite d'après Forti, *Sylloge Myxophycearum*, p. 68, qui attribue aux cellules de *A. virescens* une largeur de 6 μ environ. D'après Geitler (*Cyanophyceae in* Rab. Kryptogamen-Flora), cette indication serait erronée, car, d'après la diagnose originale, la largeur réelle des cellules de l'*Aphanocapsa virescens* (Hass.) Rab. [= *A. muscicola* (Menegh.) Wille, Alg. Not., Nyt. mag. naturvid., s. 39, taf. 2, fig. 19-23, 1919] est de 2-3 μ. L'*Aphanocapsa* décrit par Forti sous le nom de *virescens* semble très voisin de *A. biformis* A. Br., et c'est sans doute à cette espèce qu'il faut rapporter notre plante de l'échantillon 39. (*Note ajoutée au cours de l'impression*).

Microcystis elabens (Bréb.) Kütz.
Éch. 2, cellules larges de 4,5-7 μ, quelques petites masses seulement.

Microcystis viridis (A. Br.) Lemm.
Éch. 2, cellules épaisses de 5-6 μ, très peu abondant.

Microcystis prasina (Wittr.) Lemm.
Éch. 2, cellules épaisses de 4 μ, très peu abondant.

Gomphosphaeria aponina Kütz. var. *cordiformis* Wolle. — Fig. 117.
Éch. 17, cellules mesurant 12 × 14 μ, peu abondant.

Merismopedium tenuissimum Lemm.
Éch. 5, cellules larges de 1,5-2 μ, très peu abondant.

Tetrapedia Penzigiana De Toni. — Fig. 118.
Éch. 2, colonies formées de 4 cellules et larges de 20 μ; je n'ai trouvé que 2 de ces colonies, mais elles sont de tout point conformes à la description de De Toni; je ne pense pas que cette espèce ait été jusqu'à présent signalée en Europe.

CHAMAESIPHONALES

Chamaesiphon curvatus Nordst. — Fig. 119.
Éch. 5, sur *Microspora Willrockii*, cellules mesurant 25-40 × 7-9 μ, peu abondant.

Chamaesiphon incrustans Grunow. — Fig. 120.
Éch. 31, sur *Rhizoclonium*, cellules mesurant 8-25 × 6-7 μ, beaucoup de jeunes individus, peu abondant; éch. 37, sur *Spirogyra*, peu abondant.

Chamaesiphon Rostafinskii Hansg. — Fig. 121.
Éch. 33, sur *Oedogonium* et *Tribonema bombycinum*, cellules mesurant 12-25 × 1-2,5 μ, beaucoup de jeunes individus, peu abondant.

HORMOGONEALES

A. - HOMOCYSTEAE

Schizothrix lacustris A. Braun. — Fig. 122.

Éch. 22, fa. α de Gomont : région trunciforme des filaments peu épaisse, rameaux allongés; éch. 24, même forme; éch. 33, même forme.

Fa. *lutescens* Frémy, n. fa. — *Differt a typo vaginis pallidissime lutescentibus*. — Éch. 22, mélangée au type dont elle ne diffère que par la couleur de ses gaines, qui est d'un jaune très pâle mais pourtant nettement discernable, assez abondant.

Hydrocoleum Brebissonii Kütz.

Éch. 9, forme typique : trichomes épais de 9-10 μ, à extrémités droites, brièvement atténuées, nettement capitées, coiffe conique et obtuse, peu abondant.

Lyngbya martensiana Menegh.

Éch. 5, quelques filaments seulement, trichomes violets, épais de 8-9 μ.

Lyngbya aerugineo-caerulea Gom.

Éch. 5, trichomes épais de 5-6 μ, peu abondant; éch. 12, trichomes épais de 6 μ, peu abondant; éch. 15, trichomes épais de 6-7 μ, (un peu plus gros que le type), peu abondant.

Lyngbya Digueti Gom. — Fig 123.

Éch. 9, trichomes épais de 2-3 μ, articles longs de 1,5-2 μ, peu abondant.

Lyngbya Lagerheimii Gom.

Éch. 12. forme à filaments très onduleux mais non régulièrement spiralés, trichomes épais de 2 μ, cellules subcarrées renfermant, près des cloisons, 2 granules protoplasmiques, peu abondant.

Lyngbya perelegans Lemm. — Fig. 124.

Éch. 38, trichomes épais de 1,5-2 μ, cellules 2-3 fois plus longues que larges, peu abondant.

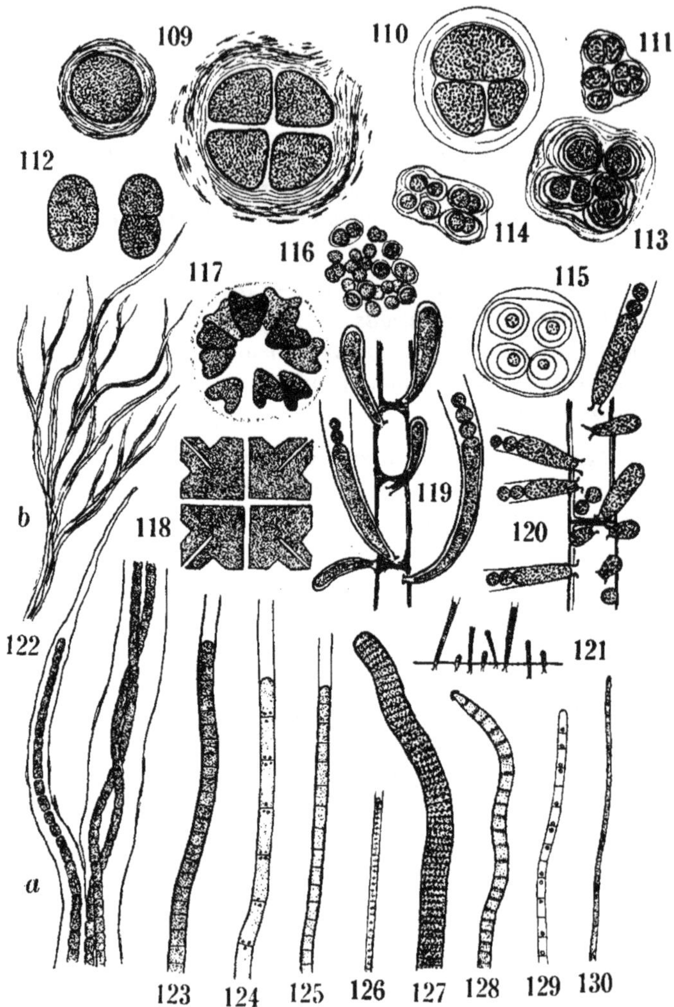

Fig. 109 - 130. — 109. *Chroococcus macrococcus* Rab. ; 110. *Chr. giganteus* W. West ; 111. *Chr. helveticus* Näg. ; 112. *Synechococcus aeruginosus* Näg. ; 113. *Gloeocapsa ocellata* Rab. ; 114. *Gl. dermochroa* Näg. ; 115. *Gl. punctata* Kütz. ; 116. *Aphanocapsa violacea* Grun. ; 117. *Gomphosphaeria aponina*

Lyngbya limnetica Lemm — Fig. 125.

Éch. 1, trichomes épais de 1-1,5 μ, articles 1-1,5 fois plus longs que larges, peu abondant.

Lyngbya mucicola Lemm. — Fig. 126.

Éch. 4, trichomes épais de 0,5 μ, articles 1-1,5 fois plus longs que larges, peu abondant.

Lyngbya ochracea Thur.

Éch. 8, trichomes n'ayant pas tout à fait 1 μ d'épaisseur, abondant.

Phormidium luridum Gom.

Éch. 39, trichomes épais de 1,5-1,8 μ, à contenu d'un vert érugineux, cellules subcarrées, à peine ou non rétrécies au niveau de leurs articulations. — Comme je l'ai indiqué ailleurs, (Archives de Botanique, t. II, Bulletin mensuel, mars 1928), le *Phormidium luridum* présente, à côté de sa forme typique, qui est violacée, une fa. *nigrescens* dont le thalle est noirâtre ou d'un vert érugineux foncé; la plante de cet échantillon se rapproche de cette forme.

Dans l'échantillon 30, j'ai trouvé un *Phormidium* à trichomes épais de 2 μ, à cellules subcarrées ou un peu plus longues que larges, par ailleurs assez mal caractérisé, que je pense cependant devoir être rapporté à cette espèce.

Kütz. var. *cordiformis* Wolle; 118. *Tetrapedia Penzigiana* De Toni; 119. *Chamaesiphon curvatus* Nordst.; 120. *Ch. incrustans* Grun.; 121. *Ch. Rostafinskii* Hansg.; 122. *Schizothrix lacustris* A. Br.; 123. *Lyngbya Digueti* Gom.; 124. *L. perelegans* Lemm.; 125. *L. limnetica* Lemm.; 126. *L. mucicola* Lemm.; 127. *Oscillatoria curviceps* Ag.; 128. *O. amoena* Gom.; 129. *O. planctonica* Wolosz.; 130. *O. angustissima* W. et G. S. West. — Gr.: 109-110 × 250; 111-113 × 500; 114-115 × 100; 116-121 × 500; 122 *a* × 150 env.; 122 *b* × 100; 123 × 750; 124-126 × 1000; 127 × 400; 128-129 × 500; 130 × 1500.

Phormidium tenue Gom.

Éch. 33, trichomes épais de 1,5 μ, à extrémités parfois atténuées et uncinées, très peu abondant.

Phormidium corium Gom.

Éch. 29, trichomes épais de 4 μ, peu abondant.

Phormidium Retzii Gom.

Éch. 29, forme typique, trichomes épais de 5-7 μ, assez abondant.

Fa. *fasciculatum* Gom.

Éch. 28, trichomes épais de 8-9 μ, peu abondant.

Phormidium uncinatum Gom.

Éch. 13, trichomes épais de 6-7 μ, assez abondant; éch. 25, quelques débris seulement; éch. 32, trichomes épais de 7 μ, peu abondant.

Oscillatoria princeps Vauch.

Éch. 33, trichomes épais de 25-30 μ, cloisons non granuleuses, assez abondant.

Oscillatoria curviceps Ag. — Fig. 127.

Éch. 20, trichomes épais de 12 μ, très peu abondant.

Oscillatoria irrigua Kütz.

Éch. 15, trichomes violacés, épais de 6 μ, articles subcarrés, quelques trichomes seulement.

Oscillatoria tenuis Ag.

Éch. 5, trichomes épais de 7,5 μ, d'une forme voisine de la var. *natans* Kütz., peu abondant; éch. 12, trichomes épais de 5 μ, forme voisine de la var. *tergestina* Rab., peu abondant; éch. 15, trichomes épais de 5-6 μ, peu abondant; éch. 20, trichomes épais de 5 μ, peu abondant; éch. 32, trichomes épais de 5 μ, peu abondant; éch. 37, trichomes épais de 5-6 μ, peu abondant; éch. 43, trichomes épais de 5-6 μ, très peu abondant.

Oscillatoria amphibia Ag.
Éch. 1, trichomes épais de 3,5 μ (un peu plus épais que chez le type), articles 2 fois plus longs que larges, peu abondant; éch. 25, trichomes épais de 3,5 μ, quelques trichomes seulement; éch. 38, trichomes épais de 3 μ, articles longs de 5,5-6 μ, peu abondant.

Oscillatoria amoena Gom. — Fig. 128.
Éch. 33, trichomes épais de 3,5-4 μ, absolument conformes à la diagnose et à la figure de Gomont, très peu abondant.

Oscillatoria brevis Kütz.
Éch. 17, trichomes épais de 4-4,5 μ, peu abondant.

Oscillatoria planctonica Wolosz. — Fig. 129.
Éch. 1, trichomes épais de 2 μ, à granules bordant les cloisons bien visibles, articles 1,5-2 fois plus longs que larges, peu abondant; éch. 2, mêmes caractères, peu abondant.

Oscillatoria angustissima W. et G. S. West. — Fig. 130.
Éch. 11, trichomes épais de 0,6-07 μ, articles 1,5-2 fois plus longs que larges, peu abondant.

Spirulina subsalsa Oersted.
Éch. 33, forme voisine de la fa. *oceanica* (Cr.) Gom., spires régulières, trichomes épais de 1 μ, peu abondant.

B. — HETEROCYSTEAE

Calothrix fusca Born. et Flah. — Fig. 131.
Éch. 11, petite forme à filaments longs d'environ 50-70 μ, à trichomes épais de 5 μ à leur base, à filaments épais de 8-9 μ au même niveau, à hétérocystes très petits, peu abondant; éch. 38, petite forme à filaments nettement bulbeux à la base et épais à ce niveau de 12-15 μ à gaines le plus souvent jaunâtres, peu abondant.

Calothrix parietina Thur.

Éch. 39, filaments assez courts, épais à leur base de 12-14 μ, courbés, gaines assez épaisses, lamelleuses et lacérées vers le sommet mais non étalées en entonnoirs, peu abondant; éch. 44, peu abondant.

Dichothrix Orsiniana Born. et Flah. — Fig. 132.

Éch. 14, rameaux nombreux, apprimés, à trichomes épais de 6-7 μ, quelques petites touffes seulement; éch. 22, forme bien caractérisée, en tout conforme à la diagnose de Bornet et Flahault, assez abondant; éch. 24, forme peu rameuse, mal évoluée, peu abondant.

Dichothrix gypsophila Born. et Flah. — Fig. 133.

Éch. 12, filaments épais de 15-17 μ, gaines dilatées en entonnoirs vers leurs extrémités, très peu abondant.

Hapalosiphon fontinalis (Ag.) Born. (= *H. pumilus* Kirchner).

Éch. 11, filaments épais de 14-15 μ, peu rameux, quelques individus seulement.

Hapalosiphon hibernicus W. et G. S. West.

Éch. 43, filaments épais de 5-6 μ, très peu abondant.

Stigonema ocellatum Thur.

Éch. 7, filaments épais de 30-35 μ, peu abondant; éch. 9, quelques filaments seulement; éch. 17, très peu abondant; éch. 43, quelques filaments isolés.

Stigonema minutum Hass.

Éch. 44, la plupart des individus sont fortement lichénisés, un très petit nombre ne sont pas envahis par des hyphes et doivent être rapportés à cette espèce.

Scytonema tolypothrichoides Kütz.

Éch. 2, filaments épais de 12-15 μ, très rameux, assez

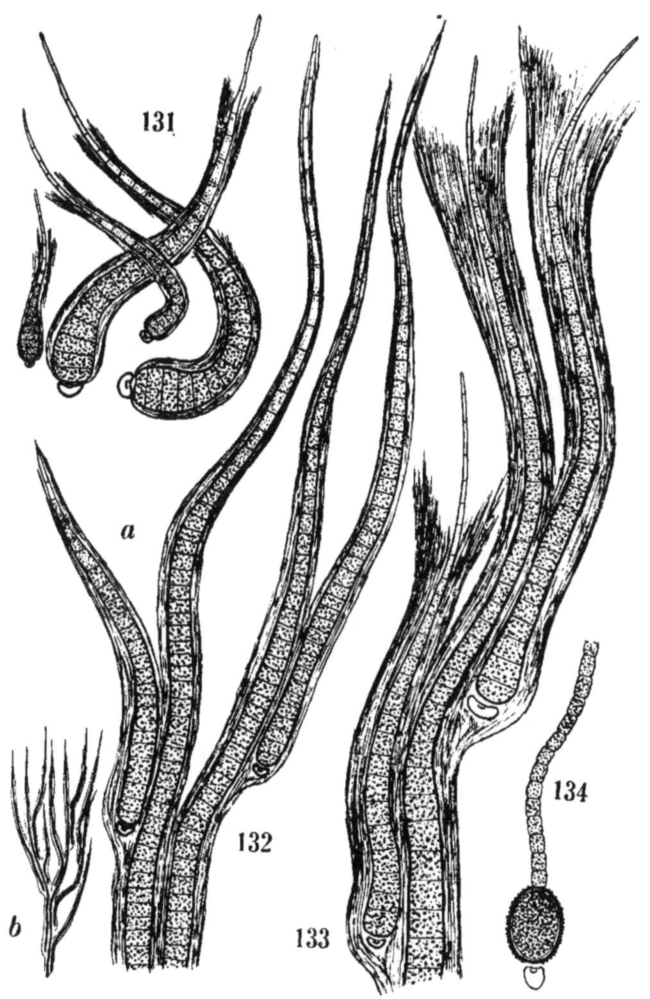

Fig. 131 - 134. — 131. *Calothrix fusca* B. et F. ; 132. *Dichothrix Orsiniana* B. et F. ; 133. *D. gypsophila* B. et F. ; 134. *Cylindrospermum majus* Kütz. — Gr. : 131 ; 132 *b* ; 133 ; 134 × 500 ; 132 *a* × 50 env.

abondant; éch. 6, peu abondant; éch. 7, filaments épais de 15 μ, gaines d'un beau jaune doré, rameaux fréquents, assez abondant; éch. 17, peu abondant.

Scytonema mirabile Born. (= *Sc. figuratum* Ag.).
Éch. 17, filaments épais de 18-20 μ, gaines brunâtres, peu abondant; éch. 44, quelques filaments seulement, épais de 14-16 μ.

Scytonema myochrous Ag.
Éch. 17, filaments épais de 24-26 μ, peu abondant.

Scytonema crustaceum Ag.
Éch. 17, filaments épais de 25-28 μ, très peu abondant.

Tolypothrix distorta Kütz.
Éch. 9, filaments épais de 16 μ, trichomes épais de 11-12 μ, hétérocystes 1-2, peu abondant; éch. 11, en très faible quantité.

Tolypothrix tenuis (Kütz.) Schmidt.
Éch. 1, filaments épais de 12 μ, cellules la plupart un peu plus longues que larges, peu abondant; éch. 2, forme abondamment rameuse, 2 hétérocystes, gaines renflées autour des hétérocystes, assez abondant; éch. 3, peu abondant; éch. 17, très peu abondant.

Nostoc commune Vauch.
Éch. 17, forme jeune, assez mal caractérisée, peu abondant; éch. 42, forme nettement caractérisée, abondant.

Nostoc sphaericum Vauch.
Éch. 3, peu abondant; éch. 17, peu abondant.

Nostoc sp.
Éch. 43, forme jeune, mal caractérisée spécifiquement.

Cylindrospermum majus Kütz. — Fig. 134.
Éch. 21, sporifère, assez abondant.

Cylindrospermum licheniforme Kütz.
Éch. 10, assez abondant et bien sporulé.

Anabaena sphaerica Born. et Flah.
Éch. 6, stérile mais bien reconnaissable à ses trichomes moniliformes formés d'articles sphériques épais de 5-6 μ, et à ses gros hétérocystes subsphériques épais de 6-7 μ, peu abondant.

Anabaena torulosa Lagerheim.
Éch. 2, bien sporulé mais peu abondant.

Anabaena sp. 2.
Éch. 11, plantes stériles.

RÉSUMÉ

Dans ce travail sont mentionnées 319 algues dont la détermination spécifique (et parfois la détermination de variété et de forme) a pu être faite, et quelques-unes dont on n'a pu faire que la détermination générique.

Ces 319 espèces, au point de vue systématique, se répartissent comme il suit :

Volvocales	8
Chlorococcales	17
Ulothricales	11
Chaetophorales	2
Oedogoniales	2
Zygnemales	9
Desmidiaceae	103
Heterokontae	1
Chrysophyceae	1
Bacillariales	85
Dinophyceae	3
Myxophyceae	77
	319

Donc prédominance très nette, au point de vue du nombre des espèces, de 3 groupes : Desmidiaceae, Bacillariales, Myxophyceae.

Ce nombre d'espèces, relativement grand pour 45 échantillons, donne l'impression d'une végétation algale particulièrement riche, surtout si l'on considère qu'il ne représente qu'une très faible partie des espèces vivant dans cette contrée, car les récoltes ont été faites exclusivement en été, et le collecteur, zoologiste éminent, ne s'est jamais occupé d'algologie; de plus, il n'a pas pêché de plancton ni recherché spécialement les Diatomées, groupe très nombreux; il n'a pas non plus fait de prélèvements dans les eaux thermales de Bagnères-de-Luchon, auxquelles cette station doit, en grande partie, sa mondiale célébrité.

Il est donc à souhaiter que des recherches ultérieures soient faites dans cette région et dans le reste des Pyrénées et que l'étude des matériaux recueillis soit confiée à des spécialistes.

Dans plusieurs des échantillons qui m'ont été confiés, j'ai remarqué un balancement très marqué entre le nombre des représentants de plusieurs groupes ; ceci est particulièrement net pour les Diatomées et les Desmidiées.

Étant donné le caractère de ce travail, je n'ai pas jugé utile de le faire suivre d'une bibliographie. Les lecteurs qui désireraient connaître la bibliographie algologique des Pyrénées la trouveront assez complète dans l'article de J. Comère : *Notes pour servir à l'étude des stations aquatiques des Pyrénées* (Bulletin de la Société d'Histoire naturelle de Toulouse, t. LXII, p. 68-84, 1924 ; tirés à part, même pagination), et dans celui de M. Denis : *Observations algologiques dans les Hautes-Pyrénées* (Revue algologique, t. I. 1924, p. 115-126 et 258-266).

Institut libre de Saint-Lô (Manche),
le 29 octobre 1930.

ROUEN

IMPRIMERIE LECERF FILS

1930

www.ingramcontent.com/pod-product-compliance
Ingram Content Group UK Ltd.
Pitfield, Milton Keynes, MK11 3LW, UK
UKHW021626260726
13994UKWH00003B/1092